Calculer
ses circuits

Principes électroniques

R.G. Krieger

Calculer ses circuits

Des formules sans problème

Traduit par J.C. Fantou

DUNOD

Traduction de l'ouvrage publié
en langue anglaise sous le titre :
A REFERENCE GUIDE TO PRACTICAL ELECTRONICS
par Mc Graw-Hill Book Company (USA), Inc.

en bref

Il arrive un moment où l'amateur ne peut plus se contenter de la simple reproduction de circuits qu'il n'a pas conçus, ou souhaite pouvoir les adapter plus fidèlement à ses propres besoins, en leur apportant des modifications sensibles.

Ce guide a été conçu pour vous aider à réaliser ce désir d'autonomie. Après une brève introduction sur le problème des conversions d'unités de mesure, il présente, sous forme simple et condensée, une centaine de formules se rapportant aux montages les plus couramment rencontrés et aux lois fondamentales de l'électricité. Vous en trouverez la liste complète à la première page de chacun des quatre chapitres qui constituent ce pratiguide :

Chaque formule est accompagnée d'un commentaire pratique qui résume le phénomène physique correspondant et la méthode de calcul préconisée et est suivie systématiquement d'exemples d'application concrets et chiffrés. Ces exemples sont similaires aux différents problèmes de dimensionnement de circuits que vous rencontrez.

Un index alphabétique très complet termine ce *pratiguide* (p. 211   ). Il vous permettra de retrouver très rapidement une formule se rapportant à tel ou tel mot classé.

Robert G. Krieger, Sr, l'auteur, dirige le département d'électricité et d'électronique du Wayne Community College, à Goldsboro en Caroline du Nord. Avec lui, nous souhaitons que ce petit guide vous rendra les plus grands services.

A vos calculatrices!

deux mots
sur les unités

Tout au long des formules et des exemples d'application de cet ouvrage, vous allez rencontrer un grand nombre d'unités électriques telles que le volt, l'ampère, l'ohm, le watt, le farad, le henry, le hertz, etc. Chacune de ces unités fait appel à toute une série de multiples et de sous-multiples dont certains sont d'une utilisation plus courante que d'autres. Enfin, certaines de ces unités sont écrites en toutes lettres ou représentées par leurs symboles...

Afin de vous permettre de vous y retrouver parmi toutes ces unités, sachez que leurs multiples et sous-multiples utilisent une série de préfixes normalisés auxquels correspondent un symbole et un coefficient multiplicateur :

Sous-multiples :
- *pico* (**p**), 10^{-12} = 0,000 000 000 001
- *nano* (**n**), 10^{-9} = 0,000 000 001
- *micro* (**μ**), 10^{-6} = 0,000 001
- *milli* (**m**), 10^{-3} = 0,001

Multiples :
- *kilo* (**k**), 10^{+3} = 1 000
- *méga* (**M**), 10^{+6} = 1 000 000

Ainsi, un condensateur de 100 picofarads est un condensateur dont la valeur correspond à :

$$100 \text{ picofarads} = 100 \times 10^{-12} \text{ farad} = 10^{-10} \text{ farad}$$
$$= 0,000\ 000\ 000\ 1 \text{ farad}$$

Le tableau suivant résume les unités ainsi que leurs multiples et sous-multiples les plus fréquemment utilisés.

Vous noterez que pour chaque formule les unités des différentes grandeurs qui vont intervenir sont précisés. Dans certains cas, vous devrez donc faire une conversion d'unités préalable.

1

Grandeur mesurée	Unité	Sous-multiples et multiples usuels	Symboles correspondants	Coefficient multiplicateur
tension	volt	millivolt volt kilovolt	**mV** **V** **kV**	10^{-3} 1 10^{+3}
intensité	ampère	microampère milliampère ampère	μ**A** **mA** **A**	10^{-6} 10^{-3} 1
résistance	ohm	ohm kilohm mégohm	Ω **k**Ω **M**Ω	1 10^{+3} 10^{+6}
puissance	watt	milliwatt watt kilowatt	**mW** **W** **kW**	10^{-3} 1 10^{+3}
inductance	henry	microhenry millihenry henry	μ**H** **mH** **H**	10^{-6} 10^{-3} 1
capacité	farad	picofarad nanofarad microfarad	**pF** **nF** μ**F**	10^{-12} 10^{-9} 10^{-6}
fréquence	hertz	hertz kilohertz mégahertz	**Hz** **kHz** **MHz**	1 10^{+3} 10^{+6}

Enfin, un peu de mathématiques, en rappelant que:

$$10^n \times 10^p = 10^{n+p}$$

$$\frac{1}{10^n} = 10^{-n}$$

formules *algébriques* dans lesquelles n et p sont des nombres entiers positifs ou négatifs, avec les cas particuliers $10^0 = 1$ et $10^1 = 10$.

Exemples:

$$10^4 \times 10^{-2} = 10^{4+(-2)} = 10^2 = 100$$

$$10^{-3} \times 10^{-1} = 10^{-3+(-1)} = 10^{-4} = 0{,}000\,1$$

$$\frac{10^2 \times 10^{-4}}{10^3} = \frac{10^{2+(-4)}}{10^3}$$

$$= 10^{-2} \times \frac{1}{10^3}$$

$$= 10^{-2} \times 10^{-3} = 10^{-5}$$

$$\frac{10 \times 10^{-2}}{10^3} = \frac{10^1 \times 10^{-2}}{10^3}$$

$$= \frac{10^{-1}}{10^3}$$

$$= 10^{-1} \times 10^3 = 10^2$$

1

les formules des circuits à courant continu

Ce premier chapitre va vous présenter les formules essentielles des circuits électriques à courant continu, accompagnées d'exemples d'application pratique. Ces formules vont vous permettre de déterminer (ou d'utiliser) :

intensité
d'un courant électrique

$$I = \frac{Q}{T}$$

I: courant en ampères (**A**)
Q: charge en coulombs (**C**)
T: temps en secondes (**s**)

L'*intensité* du courant qui traverse un *circuit électrique* résulte du nombre d'électrons qui traversent ce circuit pendant un laps de temps donné. Pour mieux comprendre cette notion, sachez que l'unité de *charge électrique,* le *coulomb* (représenté par la lettre **C**), correspond à une quantité de $6,25 \times 10^{18}$ *électrons.* Ainsi, si vous avez $6,25 \times 10^{18}$ électrons posés sur une plaque métallique, vous pouvez considérer que vous avez une charge d'*électricité statique* de 1 coulomb.

Or, si vous examinez la formule, vous pouvez vous rendre compte que le *courant* correspond à un déplacement d'électrons par unité de temps. A titre d'exemple, 1 coulomb qui circulerait dans un circuit électrique et qui repasserait par le même point toutes les secondes correspondrait à un courant de 1 *ampère.* Dans le même ordre d'idées, 10 coulombs qui effectuerait le même parcours en 2 secondes correspondraient à un courant de 5 ampères, etc. En règle générale, l'augmentation du nombre de coulombs se traduit par une augmentation de l'*intensité du courant,* alors que l'augmentation du *temps de circulation* se traduit par une diminution de l'intensité du courant. Ainsi :

$$I = \frac{Q}{T}$$

par exemple :

$$\frac{50 \text{ C}}{5 \text{ s}} = 10 \text{ A}$$

tandis que :

$$\frac{50 \text{ C}}{10 \text{ s}} = 5 \text{ A}$$

ou encore :

$$\frac{100 \text{ C}}{5 \text{ s}} = 20 \text{ A}$$

Il est intéressant de noter que la lettre I correspond à l'intensité du courant électrique, alors que cette dernière se mesure en ampères dont le symbole est la lettre **A**. Il est également important de noter que le *sens* du courant électrique sera celui du *sens conventionnel,* c'est-à-dire que le courant sortira par la borne positive d'une *source de courant* électrique.

EXEMPLE 1

Considérez le circuit de la figure 1 et déterminez la valeur de l'intensité du courant qui le traverse si 30 coulombs passent par le point A toutes les secondes.

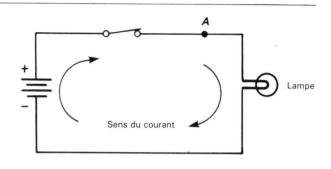

Fig. 1

$$I = \frac{Q}{T}$$

ce qui donne:

$$I = \frac{30}{1}$$

soit finalement:

$$I = 30 \ A$$

EXEMPLE 2

Considérez le circuit de la figure 2 et déterminez la valeur de l'intensité du courant qui le traverse si 3 coulombs passent par le point A toutes les 20 secondes.

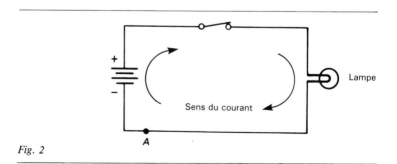

Fig. 2

$$I = \frac{Q}{T}$$

ce qui donne:

$$I = \frac{3}{20}$$

soit finalement:

$$I = 0,15 \text{ A, ou 150 mA}$$

Remarque: la position du point A peut être quelconque dans ce circuit, car le courant y circule en boucle fermée.

quantité d'électricité

$$Q = I \times T$$

Q:	charge en coulombs (**C**)
I:	courant en ampères (**A**)
T:	temps en secondes (**s**)

De la formule de base précédente, il est possible de déduire que la charge électrique qu'un *condensateur* peut accumuler, dépend du courant qui le traverse et du temps pendant lequel ce courant est appliqué.

Dans un *circuit fermé,* les électrons sont en mouvement perpétuel et ne peuvent pas s'accumuler. Pour qu'ils le puissent, il faut que le circuit soit ouvert en un point quelconque et qu'un condensateur soit placé en ce point d'ouverture. Un condensateur correspond à deux plaques métalliques très proches l'une de l'autre et séparées entre elles par un *diélectrique,* c'est-à-dire par un *isolant* tel que l'air, le plastique ou tout autre matériau adéquat. C'est sur ces plaques qu'une charge électrique peut s'accumuler.

La formule indique que toute augmentation du temps ou du courant se traduit par une augmentation correspondante de la charge électrique aux bornes du condensateur.

$$Q = I \times T$$

par exemple:

$$3\,A \times 4\,s = 12\,C$$

tandis que:

$$6\,A \times 4\,s = 24\,C$$

ou encore:

$$3\,A \times 10\,s = 30\,C$$

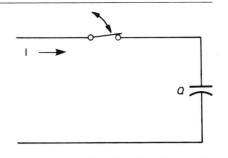

Fig. 3

7

EXEMPLE 1

Considérez le circuit de la figure 3 et déterminez quelle sera la charge accumulée par le condensateur si un courant de 2 ampères est maintenu pendant 10 secondes.

$$Q = I \times T$$

ce qui donne :

$$Q = 2 \times 20$$

soit finalement :

$$Q = 20 \text{ C}$$

EXEMPLE 2

En utilisant le même circuit que précédemment, déterminez quelle sera la charge accumulée par le condensateur si un courant de 35 microampères (μA) est maintenu pendant 360 millisecondes (**ms**).

$$Q = I \times T$$

ce qui donne :

$$Q = (35 \times 10^{-6}) \times (360 \times 10^{-3})$$

soit finalement :

$$Q = 12,6 \times 10^{-6} \text{ C}$$

Ce résultat peut paraître bien faible, mais si vous considérez le nombre d'électrons qu'il représente ([12,6 × 10^{-6}] × [6,25 × 10^{18}] = 7,9 × 10^{13} électrons), vous êtes à même de mieux saisir la petitesse de la charge d'un électron.

loi d'Ohm en tension

$$V = R \times I$$

V :	tension en volts (**V**)
I :	courant en ampères (**A**)
R :	résistance en ohms (Ω)

La loi d'Ohm est la relation la plus fondamentale de toute l'électricité. Elle détermine la relation qui existe entre trois éléments importants : la *tension,* le *courant* et la *résistance.* Dans le cas présent, elle stipule que si un courant traverse une résistance, il développe à ses bornes une tension. De plus, la valeur de cette tension est proportionnelle à l'intensité du courant et à la valeur de la résistance.

Vous pouvez tirer deux conclusions intéressantes de ce qui précède. Premièrement, si une *source de tension* débite dans une seule résistance et que la valeur de cette résistance change, la tension à ses bornes demeure identique et seul le courant change. Deuxièmement, si la même source de tension débite maintenant dans deux résistances en série (voir figure 4) et que la valeur de R_2 augmente, la tension aux bornes de R_2 augmente également. Cette augmentation de tension sera prélevée aux bornes de R_1 qui verra sa tension diminuer d'autant. Si la valeur de R_2 devient nulle (court-circuit franc), il ne peut apparaître aucune tension à ses bornes et la totalité de la source de tension se retrouve aux bornes de R_1. C'est la seconde résistance du circuit qui modifie la tension aux bornes de la première, phénomène que vous ne rencontrez pas lorsqu'il n'y a qu'une seule résistance dans le circuit.

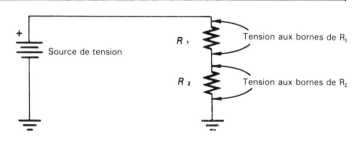

Fig. 4

EXEMPLE

Déterminez la tension aux bornes de chacune des résistances R_1 et R_2 lorsqu'elles sont parcourues par un courant I de 1,2 ampère.

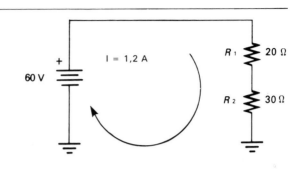

Fig. 5

Il est intéressant, avant de démarrer vos calculs, de noter que la valeur de R_2 est plus grande que celle de R_1, ce qui entraîne que la tension que vous allez trouver aux bornes de R_2 devra être plus élevée que celle aux bornes de R_1.

Le courant I traversant les deux résistances, vous allez trouver la valeur de chaque tension en appliquant la formule :

$$V = R \times I$$

soit pour R_1 :

$$V_{R1} = R_1 \times I = 20 \times 1,2 = 24 \text{ V}$$

soit pour R_2 :

$$V_{R2} = R_2 \times I = 30 \times 1,2 = 36 \text{ V}$$

Remarque : à titre de véfication, vous pouvez vous assurer que la somme des deux tensions est bien égale à la valeur de la tension de la source :

$$24 + 36 = 60 \text{ V}$$

loi d'Ohm en courant

$$I = \frac{V}{R}$$

$I:$ courant en ampères (**A**)
$V:$ tension en volts (**V**)
$R:$ résistance en ohms (Ω)

Déduite de la formule $V = R \times I$, la présente relation stipule que si vous changez la valeur de la tension ou celle de la résistance, vous entraînez un changement de la valeur du courant. Plus précisément, si vous appliquez la même tension à deux *lampes* de valeur différente, vous obtiendrez un courant différent à travers chacune des lampes, puisque la résistance aura changé. Dans le même ordre d'idées, si vous augmentez ou diminuez la tension aux bornes d'une lampe, il s'ensuit que le courant qui la traverse augmente ou diminue dans des proportions identiques.

Une application importante de cette formule est la recherche de la valeur du courant qui circule dans un circuit, par la simple mesure de la tension qu'il développe aux bornes d'une résistance placée dans ce circuit. Ainsi, il devient inutile d'ouvrir le circuit pour effectuer la mesure directe du courant. La valeur du courant s'obtient en divisant la tension mesurée par la valeur de la résistance, en prenant garde aux unités que vous allez employer.

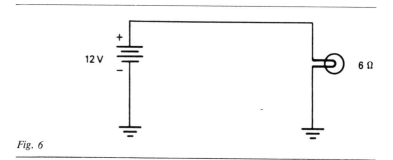

Fig. 6

EXEMPLE 1

Considérant le circuit de la figure 6, déterminez la valeur du courant qui traverse le circuit, sachant que la tension de la source est de 12 volts et que la résistance de la lampe est de 6 ohms.

$$I = \frac{V}{R}$$

ce qui donne:

$$I = \frac{12}{6}$$

soit finalement:

$$I = 2\ A$$

EXEMPLE 2

Que devient le courant si la source de tension est constituée cette fois par deux *accumulateurs* de 12 volts branchés en série, comme indiqué à la figure 7?

Fig. 7

$$I = \frac{V}{R}$$

ce qui donne:

$$I = \frac{12 + 12}{6}$$

soit finalement:

$$I = 4\ A$$

Remarque: il est à noter que dans l'exemple n° 2, la lampe va briller beaucoup plus puisque le courant qui la traverse est deux fois plus important, mais qu'en contrepartie les deux accumulateurs se déchargeront deux fois plus vite.

mise en série de résistances

$$R_T = R_1 + R_2 + \ldots + R_n$$

R_T: résistance totale (Ω)
$R_1, R_2 \ldots, R_n$: chaque résistance (Ω)

La résistance totale d'un groupement de résistances en série est égale à la somme des valeurs de chaque résistance. Un *composant électronique,* quel qu'il soit, possède toujours une certaine résistance, c'est-à-dire qu'il oppose une *résistance* au passage du courant. A titre d'exemple, une résistance de 50 000 ohms opposera une plus grande résistance au passage du courant qu'une résistance de 10 ohms.

Cet effet peut être démontré en rajoutant des résistances dans un circuit constitué par une source de tension et une lampe. Plus vous augmenterez le nombre de résistance et plus la luminosité de la lampe baissera. Ces résistances additionnelles diminuent la valeur du courant qui traverse la lampe et donc diminuent son éclairement. A la limite, il arrivera un moment où, à force de rajouter des résistances, la lampe s'éteindra complètement.

Tous les éléments de ce circuit présentent une certaine résistance, depuis la lampe dont le filament est plus ou moins résistant, en passant par les fils de connexion qui présentent une légère résistance, la batterie qui possède une très faible résistance interne et bien sûr la résistance qui a été spécialement fabriquée pour présenter une valeur de résistance bien précise. Vous rencontrerez ce type particulier de composant avec des nombres normalisés se rapportant à sa valeur, sa précision et la puissance qu'il peut dissiper.

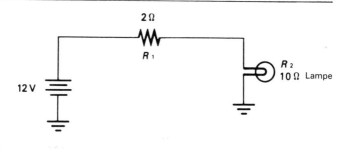

Fig. 8

13

EXEMPLE 1

Considérant le circuit de la figure 8, déterminez la tension aux bornes de la lampe.

Il faut commencer par calculer la valeur de la *résistance totale* du circuit à partir de la formule :

$$R_T = R_1 + R_2$$

ce qui donne :

$$R_T = 2 + 10$$

soit :

$$R_T = 12\ \Omega$$

Il faut ensuite déterminer la valeur du courant qui circule dans le circuit :

$$I = \frac{V}{R}$$

ce qui donne :

$$I = \frac{12}{12}$$

soit :

$$I = 1\ A$$

Finalement, il reste à calculer la tension aux bornes de la lampe, connaissant sa résistance et le courant qui la traverse :

$$V_{R2} = R_2 \times I$$

ce qui donne :

$$V_{R2} = 10 \times 1$$

soit finalement :

$$V_{R2} = 10\ V$$

EXEMPLE 2

Rajoutez une seconde résistance de 2 ohms au circuit précédent et déterminez la nouvelle valeur que prend la tension aux bornes de la lampe (voir figure 9).

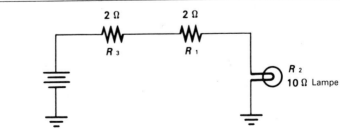

Fig. 9

14

$$R_T = R_1 + R_2 + R_3$$

$$= 2 + 10 + 2 = 14 \; \Omega$$

La valeur du courant est alors de :

$$I = \frac{V}{R}$$

$$\frac{12}{14} = 0,85 \; A$$

Ce qui entraîne une nouvelle valeur de la tension aux bornes de R_1 :

$$V_{R2} = R_2 \times I$$

$$= 10 \times 0,85 = 8,5 \; V$$

mise en parallèle de deux résistances

$$R_{Eq} = \frac{R_1 \times R_2}{R_1 + R_2}$$

R_{Eq} : résistance équivalente (Ω)
R_1 : première résistance (Ω)
R_2 : seconde résistance (Ω)

Cette formule particulière s'applique lorsque deux résistances sont placées en parallèle et que vous cherchez à connaître la valeur de la *résistance équivalente*. Ne perdez pas de vue que le résultat que vous allez trouver pour la résistance équivalente devra être plus petit que la plus petite des deux résistances. Par exemple, si vous placez en parallèle une résistance de 50 ohms avec une autre de 5 ohms, le résultat final doit être une résistance de valeur inférieure 5 ohms. Cette vérification de l'ordre de grandeur permet de déceler des erreurs de calcul.

Lorsqu'un circuit comporte deux résistances en parallèle associées à d'autres éléments, la première opération de simplification qui doit venir à l'esprit est de calculer la valeur de la résistance équivalente aux deux résistances en parallèle, comme cela apparaît à la figure 10. En supposant que vous vouliez connaître la valeur du courant débité par la source, il faut que vous procédiez de la manière suivante :

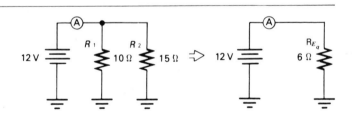

Fig. 10

ce qui donne :

$$R_{Eq} = \frac{R_1 \times R_2}{R_1 + R_2}$$

$$R_{Eq} = \frac{10 \times 15}{10 + 15}$$

soit :

$$R_{Eq} = 6 \ \Omega$$

16

Connaissant R_{Eq}, vous allez trouver le courant en appliquant :

$$I = \frac{V}{R}$$

ce qui donne :

$$I = \frac{12}{6}$$

soit finalement :

$$I = 2 \text{ A}$$

Il n'y a pas de restrictions d'utilisation de cette formule, à savoir que la mise en parallèle d'un grille-pain de 50 ohms de résistance avec une lampe de 200 ohms donne une résistance équivalente de 40 ohms, même si les éléments résistifs sont de nature différente.

EXEMPLE 1

Considérant le circuit de la figure 11, calculez la résistance équivalente branchée aux bornes de la source.

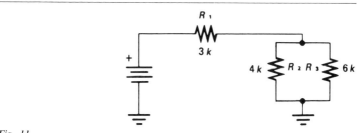

Fig. 11

La première étape consiste à calculer la résistance équivalente aux deux résistances en parallèle R_2 et R_3 :

$$R_{Eq} = \frac{R_2 \times R_3}{R_2 + R_3}$$

$$= \frac{4\,000 \times 6\,000}{4\,000 + 6\,000} = 2\,400\ \Omega$$

La seconde étape consiste à additionner cette résistance équivalente avec R_1 :

$$R_T = R_{Eq} + R_1$$

$$= 2\,400 + 3\,000 = 5\,400\ \Omega$$

EXEMPLE 2

Trouvez la résistance équivalente branchée aux bornes de la source du circuit de la figure 12.

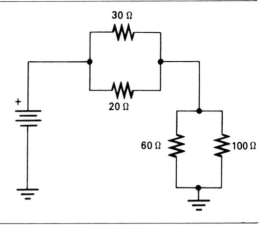

Fig. 12

$$R_{Eq1} = \frac{30 \times 20}{30 + 20} = \frac{600}{50} = 12\ \Omega$$

$$R_{Eq2} = \frac{60 \times 100}{60 + 100} = \frac{6\,000}{160} = 37,5\ \Omega$$

$$R_T = R_{Eq1} + R_{Eq2}$$
$$= 12 + 37,5 = 49,5\ \Omega$$

mise en parallèle de plusieurs résistances

$$R_{Eq} = \frac{1}{1/R_1 + 1/R_2 + \ldots + 1/R_n}$$

R_{Eq} : résistance équivalente (Ω)
$R_1, R_2, \ldots, R_n$: chaque résistance (Ω)

La formule précédente ne convient plus lorsque vous avez plusieurs résistances en parallèles. Il vous faut faire appel à cette formule plus générale valable pour une infinité de résistances. Comme précédemment, le résultat final que vous allez trouver doit toujours être plus petit que la plus petite des résistances. Ainsi, si vous placez en parallèle trois résistances de 5, 10 et 15 ohms, le résultat du calcul donne 2,7 ohms.

Ce type de calcul s'effectue de préférence à la calculatrice, car il faut travailler avec au moins deux décimales pour obtenir une précision suffisante ; en effet, si vous arrondissez chaque terme en $1/R$ que vous allez calculer, vous risquez après en avoir fait la somme, d'obtenir un résultat final qui s'écarte par trop de la valeur réelle.

Le nombre n correspond au nombre de résistances placées en parallèle. Par exemple, avec 5 résistances branchées en parallèle, la formule s'écrit :

$$R_{Eq} = \frac{1}{1/R_1 + 1/R_2 + 1/R_3 + 1/R_4 + 1/R_5}$$

EXEMPLE 1

Considérant le circuit de la figure 13 qui représente une batterie 12 volts de voiture alimentant simultanément un autoradio de résistance 30 ohms, une lampe d'éclairage de 20 ohms et un allume-cigare de 6 ohms, quelle est la valeur de la résistance équivalente à ces trois appareils ?

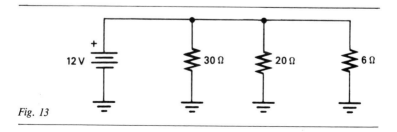

Fig. 13

19

$$R_{Eq} = \frac{1}{1/R_1 + 1/R_2 + 1/R_3}$$

$$= \frac{1}{1/30 + 1/20 + 1/6}$$

$$= \frac{1}{0,03 + 0,05 + 0,17} = \frac{1}{0,25} = 4\,\Omega$$

EXEMPLE 2

Quel est le courant total débité par la batterie 12 volts du circuit de la figure 14?

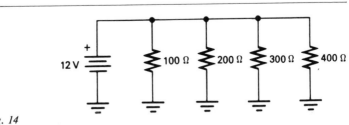

Fig. 14

En tout premier lieu, cherchez la valeur de la résistance équivalente à l'ensemble des 4 résistances:

$$R_{Eq} = \frac{1}{1/R_1 + 1/R_2 + 1/R_3 + 1/R_4}$$

$$= \frac{1}{1/100 + 1/200 + 1/300 + 1/400}$$

$$= \frac{1}{0,0100 + 0,0050 + 0,0033 + 0,0025}$$

$$= \frac{1}{0,0208} = 48\,\Omega$$

Ensuite, il ne reste plus qu'à appliquer la loi d'ohm en courant:

$$I = \frac{V}{R}$$

$$= \frac{12}{48} = 0,25\,A$$

Notez que la valeur trouvée de 48 ohms est plus faible que la plus faible des résistances qui valait 100 ohms.

puissance : tension et courant

$$P = V \times I$$

P :   puissance en watts (**W**)
V :   tension en volts (**V**)
I :   courant en ampères (**A**)

La puissance consommée ou fournie par un appareil électrique correspond au produit de la tension aux bornes de cet appareil par le courant qui le traverse. Ainsi, un appareil qui absorbe un courant de 1 ampère sous une tension de 1 volt, consomme une puissance de 1 watt.

En règle générale, plus cette consommation sera grande et plus la *dissipation de chaleur* qui en résulte sera importante. Si, dans un circuit, vous augmentez la tension ou le courant, il s'en suivra une augmentation de la puissance consommée. A ce sujet, il faut savoir qu'une source de tension ne peut pas débiter un courant de valeur illimitée. Il arrive un moment où, lorsque le courant qui lui est demandé dépasse une certaine limite, la tension à ses bornes diminue rapidement entraînant une baisse de la puissance qu'elle peut fournir. Ce phénomène est provoqué par la *résistance interne de la source*. Le maximum de puissance que vous pouvez en obtenir s'obtiendra lorsque la *résistance d'utilisation* aura la même valeur que sa résistance interne.

La formule $P = V \times I$ est aussi valable en courant alternatif et peut servir à déterminer le coût de fonctionnement d'un appareil branché sur le secteur. Pour ce faire, il convient de transformer la consommation en watts en kilowatts et de multiplier le résultat trouvé par le temps pendant lequel l'appareil est resté branché. Vous obtiendrez alors des *kilowattheures* (**kWh**) qu'il suffira de multiplier par le prix unitaire d'un kilowattheure pour obtenir le coût recherché.

EXEMPLE 1

Montrez que le circuit de la figure **15b** consomme plus de puissance que le circuit de la figure **15a**.

Circuit a :

$$I = \frac{V}{R}$$

$$= \frac{6}{20} = 0,3 \text{ A}$$

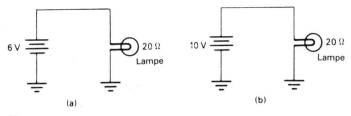

Fig. 15

La puissance consommée par la lampe est alors de:

$$P = V \times I$$
$$= 6 \times 0{,}3 = 1{,}8\ \mathbf{W}$$

Circuit b:

$$I = \frac{V}{R}$$
$$= \frac{10}{20} = 0{,}5\ \mathbf{A}$$

La puissance consommée par la lampe est, dans ce cas:

$$P = V \times I$$
$$= 10 \times 0{,}5 = 5\ \mathbf{W}$$

Le second circuit consomme 3,2 watts de plus que le premier.

EXEMPLE 2

Quel est le coût d'utilisation d'un projecteur qui consomme 9 ampères sous 220 volts pendant 16 heures, si le kilowatt-heure est facturé à 0,35 **F**.

Calculez d'abord la puissance consommée en 1 seconde:

$$P = V \times I = 220 \times 9 = 1\ 980\ \mathbf{W} = 1{,}98\ \mathbf{kW}$$

Calculez ensuite la consommation au bout de 16 heures:

$$1{,}98\ \mathbf{kW} \times 16\ \mathbf{h} = 31{,}68\ \mathbf{kWh}$$

Et enfin le coût d'utilisation:

$$31{,}68 \times 0{,}35 \approx 11{,}09\ \mathbf{F}$$

puissance : courant et résistance

$$P = R \times I^2$$

P: puissance (**W**)
R: résistance (Ω)
I: courant (**A**)

Cette deuxième formule de calcul de la puissance est très utile lorsque vous ne connaissez que la valeur du courant qui traverse une résistance et celle de cette résistance. Elle vous évite le calcul supplémentaire de la tension aux bornes de la résistance et, par la même, supprime une source d'erreur.

Vous pouvez également tirer un enseignement de cette relation : la puissance est proportionnelle au carré du courant. En d'autres termes, cela revient à dire que si vous multipliez le courant par 2, la puissance sera multipliée par 4.

$$P = R \times I^2$$

Si $I = 3$ A et $R = 10$ Ω:
$$P = 10 \times 3^2$$
$$= 10 \times 9 = 90 \text{ W}$$

Si $I = 6$ A et $R = 10$ Ω:
$$P = 10 \times 6^2$$
$$= 10 \times 36 = 360 \text{ W}$$

Comme cet exemple vous permet de le vérifier, un courant qui augmente de 3 à 6 ampères entraîne une augmentation de la puissance de 90 à 360 watts.

EXEMPLE 1

L'*ampèremètre* du circuit de la figure 16 indique un courant de 40 milliampères. Quelle doit être la puissance que la résistance doit pouvoir supporter sans risque de surchauffe, sachant qu'il faut rajouter une marge de sécurité de 100 % ?

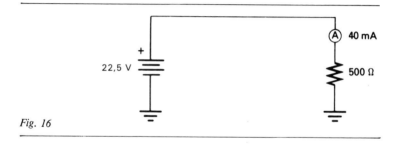

Fig. 16

$$P = R \times I^2$$
$$= 500 \times (40 \times 10^{-3})^2$$
$$= 500 \times 16 \times 10^{-4} = 0{,}8 \text{ W}$$

La résistance dissipant une puissance de 0,8 watt, il conviendra de choisir un modèle capable de supporter 1,6 watt. La valeur commerciale la plus proche sera une résistance de puissance **2 W**.

EXEMPLE 2

Un radiateur électrique de 44 ohms de résistance absorbe un courant de 5 ampères lorsqu'il est branché. Quelle est sa consommation ?

$$P = R \times I^2$$
$$= 44 \times 5^2$$
$$= 44 \times 25 = 1\ 100 \text{ W}$$

puissance :
tension et résistance

$$P = \frac{V^2}{R}$$

P: puissance (**W**)
V: tension (**V**)
R: résistance (Ω)

Troisième formule de calcul de la puissance et, tout compte fait, la plus pratique. En effet, il vous suffit de connaître la tension aux bornes de la résistance et la valeur de la résistance pour déterminer la puissance qu'elle dissipe. Or, il est beaucoup plus facile de mesurer une tension qu'un courant, car la mesure d'une tension ne nécessite pas d'ouvrir le circuit, comme c'est le cas pour une mesure de courant.

De plus, ouvrir un circuit présente un certain nombre d'inconvénients, allant du composant que vous pouvez abîmer en le dessoudant ou en le coupant, à l'erreur de mesure inévitable que vous réalisez avec l'insertion de l'ampèremètre dans le circuit.

Toujours dans le même ordre d'idées, il est parfois impossible de faire une *mesure de courant* lorsqu'il s'agit d'un courant alternatif et que votre *multimètre* n'est prévu que pour réaliser des mesures de tension alternative, comme cela est très fréquent sur certains multimètres économiques.

EXEMPLE 1

Quelle est la puissance que dissipe la résistance R_3 du circuit de la figure 17?

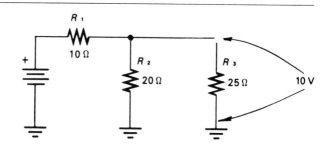

Fig. 17

$$P = \frac{V^2}{R}$$

$$= \frac{10^2}{25}$$

$$= \frac{100}{25} = 4\,\text{W}$$

EXEMPLE 2

Dans le circuit de la figure 18, quelle est la puissance dissipée par chaque lampe ?

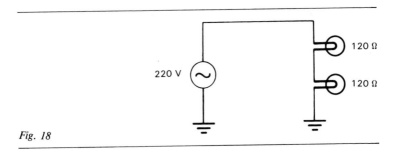

220 V

120 Ω

120 Ω

Fig. 18

Avant d'effectuer le moindre calcul, vous pouvez remarquer que les résistances des lampes étant identiques, la tension aux bornes de chacune d'elle n'est que la moitié de la tension générale, soit 110 volts.

$$P = \frac{V^2}{R}$$

$$= \frac{110^2}{120}$$

$$= \frac{12\,100}{120} = 100\,\text{W}$$

diviseur de tension

$$V_s = V_e \times \frac{R_X}{R_T}$$

V_s:	tension de sortie **(V)**
V_e:	tension d'entrée **(V)**
R_X:	résistance talon (Ω)
R_T:	résistance totale (Ω)

Un *diviseur de tension* est toujours constitué par deux résistances branchées en série, tel que le montre la figure 19. La tension de sortie V_s qui apparaît aux bornes de la *résistance talon* R_X n'est qu'une fraction de la tension d'entrée V_e qui est appliquée aux bornes des deux résistances dont la somme est égale à R_T.

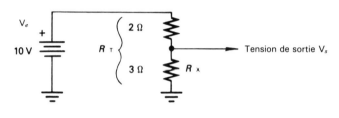

Fig. 19

Sur l'exemple de la figure 19, la résistance talon est de 3 ohms, alors que la résistance totale du *pont diviseur* est de 5 ohms. Le rapport $\dfrac{R_X}{R_T}$ est dans ce cas de:

$$\frac{R_X}{R_T} = \frac{3}{5} = 0,6$$

La *tension de sortie* V_s qui apparaît aux bornes de R_X est donc égale à la tension d'entrée V_e multipliée par le rapport $\dfrac{R_X}{R_T}$, ce qui donne:

$$V_s = V_e \times \frac{R_X}{R_T}$$
$$= 10 \times 0,6 = 6 \text{ V}$$

EXEMPLE 1

Calculez la tension de sortie V_s du pont diviseur de la figure 20.

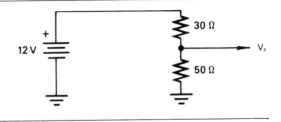

Fig. 20

Déterminez en premier lieu la résistance totale R_T:

$$R_T = 50 + 30 = 80 \, \Omega$$

Puis calculez la tension de sortie V_s en appliquant la formule:

$$V_s = V_e \times \frac{R_X}{R_T}$$

$$= 12 \times \frac{50}{80} = 7,5 \, V$$

EXEMPLE 2

Sachant qu'un pont diviseur de 50 kilohms de résistance totale alimenté sous 80 volts fournit une tension de sortie de 20 volts, trouvez la valeur des deux résistances R_X et R_Y (voir figure 21).

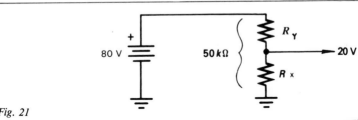

Fig. 21

Calculez d'abord la valeur de la résistance talon R_X:

$$V_s = V_e \times \frac{R_X}{R_T}$$

qui se transforme en:

$$R_X = R_T \times \frac{V_s}{V_e}$$

$$= (50 \times 10^3) \times \frac{20}{80}$$

$$= 50 \times 0,25 \times 10^3 = 12,5 \, k\Omega$$

Puis calculez la valeur de la seconde résistance R_Y:

$$R_T = R_X + R_Y$$

qui devient:

$$R_Y = R_T - R_X$$
$$= 50 - 12,5 = 37,5 \text{ k}\Omega$$

diviseur de courant

$$I_{BR} = I_T \times \frac{R_{op}}{R_1 + R_2}$$

I_{BR}: courant de branche (**A**)
I_T: courant total (**A**)
R_{op}: résistance opposée (Ω)
R_1, R_2: résistances de branche (Ω)

De la même manière que la formule précédente permettait de déterminer la portion de la tension totale qui existait aux bornes d'une des résistances du pont diviseur, la présente formule permet de connaître la portion du courant total qui passe à travers une des résistances de branche du *diviseur de courant*.

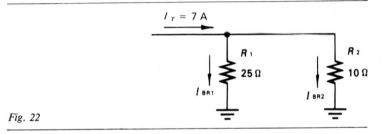

$I_T = 7\,A$

R_1 25 Ω

R_2 10 Ω

I_{BR1}

I_{BR2}

Fig. 22

Si vous vous reportez à la figure 22, vous constatez qu'un *courant incident* I_T se partage dans deux *branches* en deux courants I_{BR1} et I_{BR2}. Pour connaître chacun des *courants de branche*, il faut appliquer la formule comme suit:

$$I_{BR1} = I_T \times \frac{R_2}{R_1 + R_2}$$

$$= 7 \times \frac{10}{25 + 10} = 2\,A$$

et

$$I_{BR2} = I_T \times \frac{R_1}{R_1 + R_2}$$

$$= 7 \times \frac{25}{25 + 10} = 5\,A$$

Remarque: Pour calculer I_{BR2}, on peut aussi remarquer que:

$$I_T = I_{BR1} + I_{BR2}$$

qui devient:

$$I_{BR2} = I_T - I_{BR1} = 7 - 2 = 5\,A$$

30

EXEMPLE 1

Considérant le circuit de la figure 23, déterminez le courant circulant dans la lampe.

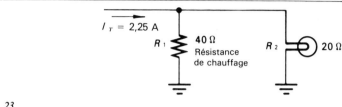

Fig. 23

Connaissant le courant total, il ne vous reste plus qu'à appliquer directement la formule :

$$I_2 = I_T \times \frac{R_1}{R_1 + R_2}$$

$$= 2{,}25 \times \frac{40}{40 + 20}$$

$$= 2{,}25 \times 0{,}666 = 1{,}5 \text{ A}$$

EXEMPLE 2

Sur le même circuit, déterminez le courant dans la résistance de chauffage R_1 :

$$I_1 = I_T - I_2 = 2{,}25$$

$$= 2{,}25 - 1{,}5 = 0{,}75 \text{ A}$$

générateur équivalent de Thévenin

$$I_U = \frac{V_{TH}}{R_{TH} + R_U}$$

I_U :   courant d'utilisation (**A**)
V_{TH} :   tension de Thévenin (**V**)
R_{TH} :   résistance de Thévenin (Ω)
R_U :   résistance d'utilisation (Ω)

Lorsqu'un circuit électrique est relativement complexe, il existe un moyen efficace permettant de simplifier les calculs, qui est de déterminer le *générateur de Thévenin* équivalent au circuit. Quel que soit le nombre de résistances et de sources de tension, il vous sera toujours possible de les réduire à un générateur de Thévenin de tension de sortie V_{TH} et de résistance interne R_{TH}, débitant dans une résistance d'utilisation R_U.

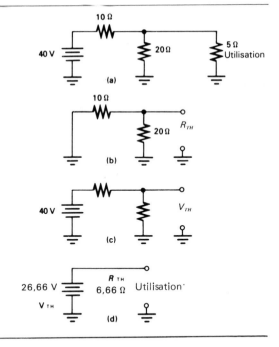

Fig. 24

La détermination du générateur équivalent de Thévenin s'opère de la manière suivante:

1. Pour obtenir la *tension de Thévenin* V_{TH}, imaginez que vous déconnectez la résistance d'utilisation et calculez la *tension «à vide»* du circuit qui l'alimentait.

32

2. Pour obtenir la *résistance* interne *de Thévenin* R_{TH}, imaginez que vous court-circuitez la ou les sources de tension et calculer la résistance équivalente que «voit» la résistance d'utilisation.

L'exemple du circuit de la figure 24a va vous permettre de mieux comprendre la façon de calculer V_{TH} et R_{TH}.
La suppression de la résistance d'utilisation (figure 24c) vous donne V_{TH} :

$$V_{TH} = V_e \times \frac{R_X}{R_T}$$

$$= 40 \times \frac{20}{20 + 10} = 26,66 \text{ V}$$

Le court-circuit de la source de tension (figure 24b) vous donne R_{TH} :

$$R_{TH} = \frac{R_1 \times R_2}{R_1 + R_2}$$

$$= \frac{10 \times 20}{10 + 20} = 6,66 \, \Omega$$

Finalement, vous obtenez le générateur équivalent de Thévenin sur lequel il suffit de rebrancher la résistance d'utilisation (figure 24d).

EXEMPLE 1

Sur le circuit de la figure 25, déterminez la tension aux bornes de la résistance d'utilisation en vous servant du générateur équivalent de Thévenin.

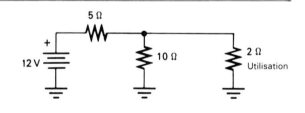

Fig. 25

$$V_{TH} = V_e \times \frac{R_X}{R_T} = 12 \times \frac{10}{10 + 5} = 8 \text{ V}$$

$$R_{TH} = \frac{R_1 \times R_2}{R_1 + R_2} = \frac{10 \times 5}{10 + 5} = 3,33 \, \Omega$$

Vous obtenez le générateur équivalent de la figure 26. Pòur déterminer la tension aux bornes de la résistance d'utilisation, vous pouvez appliquer la formule du pont diviseur :

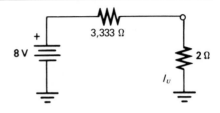

Fig. 26

$$V_U = V_{TH} \times \frac{R_U}{R_{TH} + R_U}$$

$$:= 8 \times \frac{2}{3{,}33 + 2} = 3 \text{ V}$$

EXEMPLE 2

A partir du générateur équivalent de Thévenin de la figure 26, déterminez le courant traversant la résistance d'utilisation.

$$I_U = \frac{V_{TH}}{R_{TH} + R_U}$$

$$= \frac{8}{3{,}33 + 2} = 1{,}5 \text{ A}$$

ou encore:

$$I_U = \frac{V_U}{R_U}$$

$$= \frac{3}{2} = 1{,}5 \text{ A}$$

résistance d'un fil électrique

$$R = \rho \times \frac{l}{s}$$

R :		résistance en ohms (Ω)
ρ' :		résistivité du fil en ohms par mètre (Ω.m)
l :		longueur du fil en mètres (m)
s :		section du fil en mètres carrés (m²)

Il vous arrive parfois d'utiliser des rallonges de fil électrique, lorsque vous devez alimenter un appareil situé loin d'une prise de courant. Or, si vous n'y prenez pas garde, vous risquez d'avoir des pertes importantes dans les fils de la rallonge, pertes qui se traduisent par un mauvais fonctionnement de l'appareil qui est alors sous-alimenté et par un échauffement anormal des fils. Cela provient d'une résistance trop importante des fils de la rallonge, due à sa grande longueur ou à sa faible section.

Le tableau ci-dessous vous indique la *résistivité* de divers fils électriques suivant la nature du matériau employé.

Matériau	*Résistivité* ρ (Ω.m)
Aluminium	$2,5 \times 10^{-8}$
Cuivre	$1,5 \times 10^{-8}$
Argent	$1,6 \times 10^{-8}$
Fer	$1,1 \times 10^{-7}$

Comme vous pouvez le constater, l'*aluminium* possède une plus grande résistivité que le *cuivre*. Il sera de ce fait moins bon *conducteur* de l'électricité.

EXEMPLE 1

Calculez la résistivité d'un *conducteur électrique* en cuivre de 1 millimètre carré de *section* (10^{-6} m²) et de 200 mètres de *longueur*.

En premier lieu, recherchez dans le tableau précédent la valeur de la résistivité du cuivre :

$$\rho = 1,5 \cdot 10^{-8}\ \Omega.\text{m}$$

Reportez ensuite cette valeur dans la formule :

$$\mathbf{R} = \rho \times \frac{l}{s}$$
$$= 1,5 \times 10^{-8} \times \frac{2 \times 10^2}{10^6} = 3\ \Omega$$

EXEMPLE 2

Déterminez la tension aux bornes d'une lampe de 75 watts lorsqu'elle est alimentée par une rallonge de 500 mètres de longueur dont les deux fils ont une section de 0,5 millimètre carré (voir figure 27).

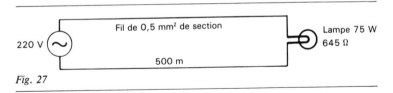

Fig. 27

Commencez par calculer la résistance d'un conducteur en cuivre en appliquant la formule:

$$R = \rho \times \frac{l}{s}$$

$$= 1,5 \times 10^{-8} \times \frac{10^3}{0,5 \times 10^{-6}} = 30 \, \Omega$$

Multipliez ensuite le résultat par 2 pour tenir compte des deux conducteurs de la rallonge:

$$R_T = 30 \times 2 = 60 \, \Omega$$

Utilisez enfin la formule du diviseur de tension pour trouver la tension aux bornes de la lampe:

$$V_s = V_e \times \frac{R_X}{R_T}$$

$$= 220 \times \frac{645}{645 + 60} = 201 \, V$$

Vous pouvez constater qu'il n'y a plus qu'une tension de 201 volts aux bornes de la lampe, ce qui revient à dire que la rallonge «perd» 19 volts qui se transforment en échauffement inutile des fils.

résistance interne d'une source de tension

$$R_i = \frac{E - V_c}{I_c}$$

R_i:	résistance interne (Ω)
E:	tension à vide (**V**)
V_c:	tension en charge (**V**)
I_c:	courant débité (**A**)

Toute source de tension possède une résistance interne qui limite automatiquement le *courant maximal* qu'elle peut débiter. Lorsque la valeur de la résistance interne d'une source est trop grande, sa tension de sortie chute en charge et la source s'échauffe.

Cet effet est très marqué sur les vieilles *batteries de voiture* que l'on croit bonne quand on les mesure à vide, mais qui sont incapables de fournir un courant important car elles possèdent une résistance interne trop grande. Une bonne batterie et plus généralement une bonne source de tension doivent présenter une résistance interne très faible pour pouvoir fournir un courant important sans baisse notable de la tension de sortie.

La méthode la plus simple pour calculer la résistance interne d'une source consiste à mesurer sa tension à vide (E) et en charge (V_c), ainsi que le courant de charge (I_c) correspondant et à appliquer la formule :

$$R_i = \frac{E - V_c}{I_c}$$

Vous obtenez alors le schéma équivalent de la figure 28.

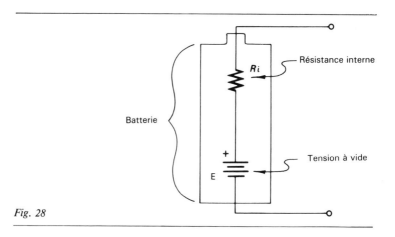

Fig. 28

EXEMPLE 1

Déterminez la résistance interne de la batterie 6 volts de la figure 29. Considérez que la résistance du *voltmètre* est suffisamment élevée pour ne pas décharger la batterie.

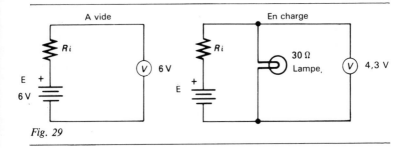

Fig. 29

Commencez par calculer le courant débité par la source :

$$I_c = \frac{V_c}{R_c}$$

$$= \frac{4,3}{30} = 0,143 \text{ A}$$

Appliquez ensuite la formule :

$$R_i = \frac{E - V_c}{I_c}$$

$$= \frac{6 - 4,3}{0,1433} = 11,86 \ \Omega$$

EXEMPLE 2

En utilisant la formule du diviseur de tension, déterminez la tension de charge V_e du circuit de la figure 30. Cet exemple doit vous servir de vérification des résultats de l'exemple précédent.

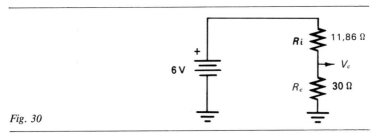

Fig. 30

$$V_c = E \times \frac{R_c}{R_c + R_i}$$

$$= 6 \times \frac{30}{30 + 11,86} = 4,3 \text{ V}$$

nombre d'ampère-tours d'un enroulement

$$T = N \times I$$

$T:$ nombre d'ampère-tours (**A.t**)
$N:$ nombre de tours
$I:$ courant (**A**)

L'intensité du *champ électromagnétique* d'un *enroulement* dépend essentiellement du nombre de tours de l'enroulement et du courant qui le traverse. Toute augmentation de l'un de ces deux facteurs se traduit par une augmentation proportionnelle de la *force magnétomotrice*. C'est pourquoi cette force est définie par le nombre d'*ampère-tours* de l'enroulement, c'est-à-dire le produit du nombre de tours par le courant qui les traverse.

Plus un *enroulement électromagnétique* aura un nombre élevé d'ampère-tours, et plus il sera puissant, magnétiquement parlant. Pour obtenir un nombre d'ampère-tours déterminé, la formule vous montre qu'il existe une infinité de combinaisons. Ainsi, un enroulement de 20 tours parcouru par un courant de 2 ampères produit la même force magnétomotrice qu'un enroulement de 10 tours parcouru par un courant de 4 ampères, puisque ces deux enroulements possèdent le même nombre d'ampère-tours:

$$T = 20 \times 2 = 10 \times 4 = 40 \text{ A.t}$$

EXEMPLE 1

Quelle est la valeur du courant qui peut produire une force magnétomotrice de 300 ampère-tours dans un électro-aimant comprenant 100 tours de fils?

La formule se transforme en:

$$I = \frac{T}{N} = \frac{300}{100} = 3 \text{ A}$$

EXEMPLE 2

Quel nombre de tours doit posséder un enroulement pour produire un *NI* de 1 000 ampère-tours avec un courant de 4 ampères?

La formule se transforme en:

$$N = \frac{T}{I} = \frac{1\,000}{4} = 250 \text{ tours}$$

39

calcul d'une inductance

$$L = \mu \times \frac{N^2 \times S}{l} \times 1{,}26 \times 10^{-6}$$

L :	inductance en henrys (**H**)
μ :	perméabilité
N :	nombre de tours
S :	section (**m²**)
l :	longueur (**m**)

Contrairement aux résistances et condensateurs, la plupart des *inductances* que vous êtes susceptible de rencontrer sont dépourvues d'indications de valeur. Pour déterminer la valeur d'une inductance, il n'y a que deux méthodes : la mesure ou le calcul. La présente formule vous permet de calculer avec une bonne précision la valeur d'une inductance, à la seule condition que les *spires de fils* soient bien jointives et que la longueur totale de l'enroulement soit bien plus importante que son diamètre.

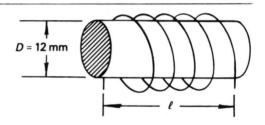

Fig. 31

Quelques explications au sujet de cette formule impressionnante : la section correspond à celle de l'enroulement, c'est-à-dire à la zone hachurée de la figure 31. Ainsi, un enroulement de 12 millimètres de diamètre correspond à une section de :

$$S = \pi \times r^2 \qquad \text{(r étant le rayon du cercle)}$$

$$= 3{,}14 \times (6 \times 10^{-3})^2 = 1{,}13 \times 10^{-4} \text{ m}^2$$

La *perméabilité* correspond en quelque sorte à la « transparence » magnétique du centre de l'enroulement. L'air possède une perméabilité de 1 alors que celle du fer est de 400. Ainsi, si vous introduisez un *noyau de fer* au centre de l'enroulement, vous augmentez son inductance par la valeur de la perméabilité du matériau employé.

40

EXEMPLE

Déterminez l'inductance de l'enroulement de la figure 32.

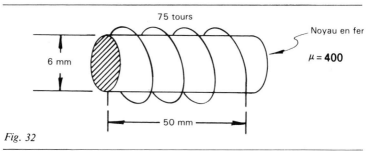

Fig. 32

Calculez en tout premier lieu la section de l'enroulement :

$$S = \pi \times r^2$$

$$= 3,14 \times (3 \times 10^{-3})^2 = 2,83 \times 10^{-5} \, m^2$$

Puis, calculez la valeur de l'inductance en vous servant de la formule :

$$L = \pi \times \frac{N^2 \times S}{l} \times 1,26 \times 10^{-6}$$

$$= 400 \times \frac{75^2 \times 2,83 \times 10^{-5}}{5 \, . \, 10^{-2}} \times 1,26 \times 10^{-6}$$

$$= 16\ 046 \times 10^{-7}$$

$$= 1,6 \times 10^{-3} \, H, \text{ ou } 1,6 \, mH$$

mise en série d'inductances

$$L_T = L_1 + L_2 + \ldots + L_n$$

L_T: inductance totale (**H**)

$L_1, L_2, \ldots, L_n$:   chaque inductance (**H**)

La valeur totale de plusieurs inductances branchées en *série* est égale, comme dans le cas des résistances, à la somme des valeurs de chaque inductance. Ceci revient à dire que si vous branchez en série deux inductances de 16 henrys, vous obtenez une *inductance équivalente* de 32 henrys.

Il y a toutefois une précaution à prendre lors de la mise en série de plusieurs inductances. Cette précaution consiste à les écarter suffisamment les unes des autres afin que leurs *champs magnétiques* ne se perturbent pas mutuellement. Si cela était le cas, le résultat général serait plus grand ou plus petit que la somme des inductances, suivant l'orientation des champs magnétiques les uns par rapport aux autres.

EXEMPLE 1

Calculez la valeur totale des deux inductances du circuit de la figure 33.

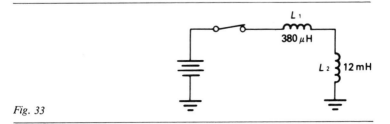

Fig. 33

La première étape consiste à exprimer les valeurs des inductances avec les mêmes unités :

L_1: 380 μH (microhenry), ou 0,38 mH (millihenry)

L_2: 12 mH (millihenry)

Cette étape réalisée, il ne vous reste plus qu'à les additionner :

$$L_T = L_1 + L_2$$

$$= 0,38 + 12 = 12,38 \text{ mH}$$

42

EXEMPLE 2

Calculez l'inductance totale du circuit de la figure 34.

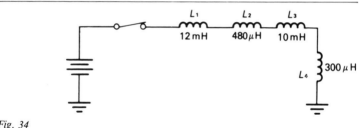

Fig. 34

$$L_1 = 12 \text{ mH}$$

$$L_2 = 480 \, \mu\text{H, ou } 0{,}48 \text{ mH}$$

$$L_3 = 10 \text{ mH}$$

$$L_4 = 300 \, \mu\text{H, ou } 0{,}3 \text{ mH}$$

Appliquez ensuite la formule généralisée à 4 termes:

$$L_T = L_1 + L_2 + L_3 + L_4$$

$$= 12 + 0{,}48 + 10 + 0{,}3 = 22{,}78 \text{ mH}$$

43

mise en parallèle d'inductances

$$L_{Eq} = \cfrac{1}{1/L_1 + 1/L_2 + \ldots + 1/L_n}$$

L_{Eq} :   inductance équivalente **(H)**

$L_1, L_2, \ldots, L_n$:   chaque inductance **(H)**

Les inductances en parallèle se traitent exactement comme les résistances, à savoir que l'inductance équivalente à plusieurs inductances branchées en *parallèle* est égale à l'inverse de la somme des inverses de chaque inductance.

Comme pour les résistances, la valeur de l'inductance équivalente que vous allez calculer pour plusieurs inductances branchées en parallèle doit toujours être plus faible que la plus faible des inductances. A titre d'exemple, si vous branchez en parallèle deux inductances de 4 et de 6 henrys, vous allez obtenir une inductance équivalente de 2,4 henrys.

Lors de la mise en parallèle de plusieurs inductances, il faut vous assurer de leur écartement suffisant les unes par rapport aux autres, afin qu'elles ne se perturbent pas par leurs champs magnétiques réciproques.

EXEMPLE 1

Sans calculer l'inductance équivalente aux trois inductances du circuit de la figure 35, déterminez en dessous de quelle valeur ce résultat doit se situer.

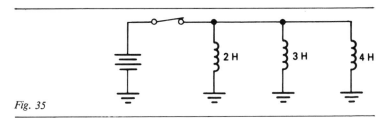

Fig. 35

L'inductance la plus faible étant de 2 henrys, le résultat de cette mise en parallèle sera forcément inférieur à cette valeur. En fait, le résultat est égal à 0,92 henry.

EXEMPLE 2

Calculez l'inductance équivalente au circuit de la figure 36.

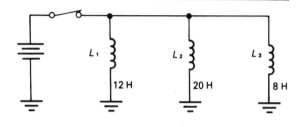

Fig. 36

Appliquez pour cela la formule limitée à trois termes :

$$L_{Eq} = \frac{1}{1/L_1 + 1/L_2 + 1/L_3}$$

$$= \frac{1}{1/12 + 1/20 + 1/8}$$

$$= \frac{1}{0,083 + 0,05 + 0,125} = 3,87 \, H$$

inductance mutuelle de deux circuits couplés

$$L_m = k \sqrt{L_1 L_2}$$

L_m: inductance mutuelle (**H**)
k: coefficient de couplage
L_1:   première inductance (**H**)
L_2:   seconde inductance (**H**)

Lorsque deux inductances sont proches l'une de l'autre, au point que leurs champs magnétiques se mélangent entre eux, il se crée une *inductance mutuelle* entre ces deux inductances. Cette inductance mutuelle vient se rajouter ou se soustraire à la valeur des deux inductances mises en présence. Ainsi, si vous associez en série une inductance de 4 henrys et une seconde de 2 henrys, vous obtenez une valeur d'inductance équivalente supérieure ou inférieure à la somme des deux inductances, l'écart étant d'autant plus important que le *couplage* entre les deux inductances est élevé.

Ce couplage est déterminé par le *coefficient de couplage k* qui dépend de la proximité des deux inductances. Si deux inductances sont bobinées ensemble, vous obtiendrez un *couplage serré* et la valeur de *k* sera proche de 0,25. Si elles sont bobinées sur un même *noyau* de fer, le coefficient de couplage tend vers sa valeur maximale : 1. Par contre, deux inductances éloignées l'une de l'autre ou perpendiculaires entre elles auront un coefficient de couplage voisin de 0.

EXEMPLE 1

Les deux inductances de 380 millihenrys du circuit de la figure 37 sont placées suffisamment proches l'une de l'autre pour que leur coefficient de couplage soit égal à 0,14. Quelle est la valeur de l'inductance mutuelle produite par ces deux inductances?

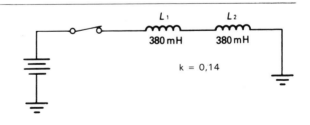

L_1 L_2
380 mH   380 mH

k = 0,14

Fig. 37

46

$$L_m = k \sqrt{L_1 L_2}$$
$$= 0,14 \sqrt{0,38 \times 0,38}$$
$$= 0,14 \times 0,38 = 53 \text{ mH}$$

EXEMPLE 2

Le circuit de la figure 38 utilisent des valeurs d'inductances beaucoup plus élevées, bobinées sur un noyau de fer. Le coefficient de couplage k est alors égal à 0,6. Quelle est la valeur de l'inductance mutuelle ainsi produite ?

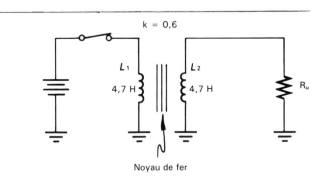

Fig. 38

$$L_m = k \sqrt{L_1 L_2}$$
$$= 0,6 \sqrt{4,7 \times 4,7}$$
$$= 0,6 \times 4,7 = 2,82 \text{ H}$$

mise en série d'inductances couplées

$$L_T = L_1 + L_2 \pm 2\,L_m$$

L_T : inductance totale (**H**)
L_1 : première inductance (**H**)
L_2 : seconde inductance (**H**)
L_m : inductance mutuelle (**H**)

L'inductance totale d'un circuit dans lequel deux inductances sont placées suffisamment proches l'une de l'autre pour posséder une inductance mutuelle est égale à la somme des deux inductances, à laquelle il convient de rajouter ou de retrancher deux fois la valeur de l'inductance mutuelle L_m entre les deux circuits.

Mise en série additive $+ 2\,L_m$

Mise en série soustractive $- 2\,L_m$

Fig. 39

Il existe deux possibilités de branchement des inductances en série, comme vous pouvez le constater sur la figure 39. La première consiste à brancher les deux inductances de telle sorte que leurs champs magnétiques soient orientés dans le même sens et se renforcent mutuellement. Dans ce cas de *mise en série additive,* il vous faut rajouter le terme $2\,L_m$. La seconde possibilité consiste à brancher les deux inductances de telle sorte que leurs champs magnétiques soient opposés, de façon à s'affaiblir l'un l'autre. Dans ce cas de mise *en série soustractive,* il vous faut soustraire le terme $2\,L_m$ d'inductance mutuelle.

EXEMPLE 1

Déterminez *l'inductance totale* du circuit de la figure 40.

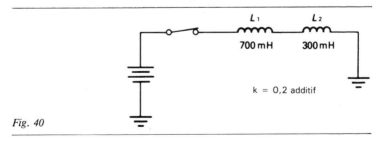

L_1 700 mH L_2 300 mH

$k = 0,2$ additif

Fig. 40

La première opération à réaliser consiste à calculer la valeur de l'inductance mutuelle L_m :

$$L_m = \mathbf{k} \sqrt{L_1 . L_2}$$

$$L_m = 0,2 \sqrt{0,7 \times 0,3}$$

$$= 0,2 \times 0,458 = 0,092 \text{ H, ou 92 mH}$$

Puisque la mise en série est additive, vous allez rajouter le terme $2 L_m$:

$$L_T = L_1 + L_2 + 2 L_m$$

$$= 700 + 300 + (2 \times 92)$$

$$= 1\ 184 \text{ mH, ou 1,184 H}$$

EXEMPLE 2

Déterminez l'inductance totale du circuit de la figure 41.

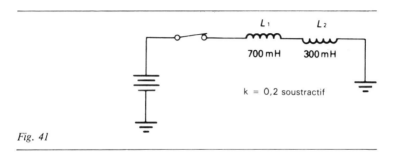

Fig. 41

Comme il s'agit des mêmes inductances et qu'elles sont couplées avec la même valeur de coefficient de couplage, vous allez trouver la même valeur d'inductance mutuelle. Cependant, la mise en série est soustractive. Vous allez donc devoir retrancher le terme $2 L_m$:

$$L_T = L_1 + L_2 - 2 L_m$$

$$= 700 + 300 - (2 \times 92) = 816 \text{ mH}$$

charge d'un condensateur

$$Q = C \times V$$

Q:	charge en coulombs (**C**)
C:	capacité en farads (**F**)
V:	tension en volts (**V**)

L'une des fonctions essentielles d'un condensateur est de stocker de l'énergie électrique. La quantité d'électricité qu'il peut accumuler dépend à la fois de la taille et de la valeur du condensateur, ainsi que de la *tension continue* qui lui est appliquée.

L'*unité de capacité* est le *farad,* unité trop grande pour être d'utilité pratique. C'est pourquoi vous rencontrerez les valeurs de condensateurs exprimées en microfarads (μ**F**), nanofarads (**nF**), ou picofarads (**pF**), unités respectivement égales à 10^{-6} farad, 10^{-9} farad et 10^{-12} farad.

A titre d'exemple, si vous appliquez la même tension de 6 volts à deux condensateurs de 1 et de 2 microfarads, vous allez obtenir une quantité d'électricité double aux bornes du condensateur de 2 microfarads. De même, si vous appliquez au même condensateur de 1 microfarad une tension de 12 volts, vous allez obtenir une quantité d'électricité double également:

$$
\begin{aligned}
Q &= C \times V \\
&= 1 \times 10^{-6} \times 6 \\
&= 6 \times 10^{-6} \text{ C}
\end{aligned}
\qquad
\begin{aligned}
Q &= C \times V \\
&= 2 \times 10^{-6} \times 6 \\
&= 12 \times 10^{-6} \text{ C}
\end{aligned}
\qquad
\begin{aligned}
Q &= C \times V \\
&= 1 \times 10^{-6} \times 12 \\
&= 12 \times 10^{-6} \text{ C}
\end{aligned}
$$

EXEMPLE 1

Déterminez la quantité d'électricité que le condensateur de la figure 42 peut accumuler.

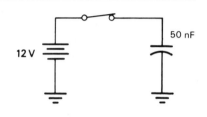

Fig. 42

Appliquez la formule :

$$Q = C \times V$$
$$= (50 \times 10^{-9}) \times 12 = 600 \times 10^{-9} \, C$$

EXEMPLE 2

Vérifiez que si vous appliquez une tension de 12 volts aux bornes d'un condensateur de 5 microfarads, vous obtenez la même quantité d'électricité accumulée qu'avec une tension de 6 volts et un condensateur de 10 microfarads.

Calculez dans les deux cas la quantité d'électricité accumulée :

$$Q = (5 \times 10^{-6}) \times 12$$
$$= 60 \times 10^{-6} \, C$$

$$Q = (10 \times 10^{-6}) \times 6$$
$$= 60 \times 10^{-6} \, C$$

tension aux bornes d'un condensateur

$$V = \frac{Q}{C}$$

V : tension (**V**)
Q : charge (**C**)
C : capacité (**F**)

Cette variante de la formule de *charge d'un condensateur* vous permet de calculer la tension aux bornes lorsque vous connaissez la charge qu'il a emmagasiné et la valeur de sa capacité.

Si vous la rapprochez de la formule de la quantité d'électricité : $Q = I \times T$, vous êtes à même de déterminer la tension aux bornes d'un condensateur que vous auriez chargé avec un courant I pendant un laps de temps T. Par exemple, si vous avez chargé un condensateur de 0,15 microfarad avec un courant constant de 7 microampères pendant 2 secondes, vous avez obtenu une tension à ses bornes de :

$$Q = I \times T$$
$$= (7 \times 10^{-6}) \times 2 = 14 \times 10^{-6}\ C$$

ce qui donne :

$$V = \frac{Q}{C}$$
$$= \frac{14 \times 10^{-6}}{0,15 \times 10^{-6}} = 93,3\ V$$

EXEMPLE 1

Quelle est la tension aux bornes du condensateur de la figure 43, si vous savez que la charge électrique accumulée est de 3×10^{-5} coulombs ?

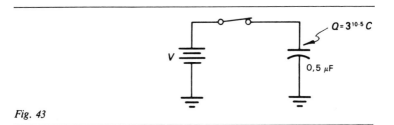

Fig. 43

Calculez directement la tension en employant la formule :

$$V = \frac{Q}{C}$$

$$= \frac{3 \times 10^{-5}}{0,5 \times 10^{-6}} = 60 \text{ V}$$

EXEMPLE 2

Un condensateur de 1 microfarad est chargé sous un courant de 12 microampères pendant 3 secondes. Quelle est la tension présente à ses bornes (figure 44) ?

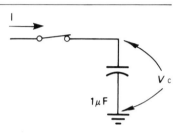

Fig. 44

Premièrement, recherchez la valeur de Q :

$$Q = I \times T$$

$$= 12 \times 10^{-6} \times 3 = 3,6 \times 10^{-5} \text{ C}$$

Rapportez ensuite cette valeur de Q dans la formule :

$$V = \frac{Q}{C}$$

$$= \frac{3,6 \times 10^{-5}}{10^{-6}} = 36 \text{ V}$$

mise en série de condensateurs

$$C_{Eq} = \frac{1}{1/C_1 + 1/C_2 + \ldots + 1/C_n}$$

C_{Eq}: condensateur équivalent en farads (**F**)

C_1, C_2, ..., C_n: chaque condensateur en farads (**F**)

Le *groupement de condensateurs en série* se traite exactement de la même manière que le groupement de résistances ou d'inductances *en parallèle*. Les règles en sont donc les mêmes, ce qui revient à dire que le résultat d'un groupement en série de plusieurs condensateurs sera équivalent à un condensateur dont la valeur sera plus faible que la plus faible valeur des condensateurs en série.

Cette mise en série est parfois intéressante, par exemple lorsque vous n'avez pas sous la main le condensateur qu'il vous faut pour terminer un montage. Ainsi, la mise en série de deux condensateurs de 0,15 microfarad fournit un condensateur équivalent de valeur moitié, soit 75 nanofarads.

De même, il est possible de répartir une *tension de service* trop élevée pour un seul condensateur sur plusieurs condensateurs. Ainsi, si vous appliquez une tension de 300 volts à trois condensateurs de 0,15 microfarad branchés en série, chaque condensateur ne recevra qu'une tension de 100 volts à ses bornes.

EXEMPLE 1

Sans calculer la capacité équivalente du circuit de la figure 45, déterminez en dessous de quelle valeur le résultat doit se situer.

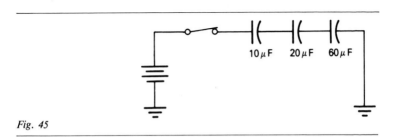

10 µF   20 µF   60 µF

Fig. 45

Le condensateur le plus faible étant de 10 microfarads, le résultat de cette mise en série sera forcément inférieur à cette valeur. En fait, il est égal à 6 microfarads.

EXEMPLE 2

Déterminez la capacité totale entre les points A et B du circuit de la figure 46.

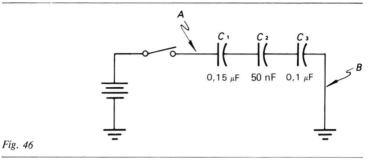

Fig. 46

Appliquez directement la formule limitée à trois termes :

$$C_{Eq} = \frac{1}{1/C_1 + 1/C_2 + 1/C_3}$$

$$= \frac{1}{1/0{,}15 \times 10^{-6} + 1/0{,}05 \times 10^{-6} + 1/0{,}1 \times 10^{-6}}$$

$$= \frac{1}{6{,}66 \times 10^6 + 20 \times 10^6 + 10 \times 10^6}$$

$$= \frac{1}{36{,}66} \times 10^{-6} = 0{,}027\,\mu\text{F, ou 27 nF}$$

mise en parallèle de condensateurs

$$C_T = C_1 + C_2 + ... + C_n$$

C_T: condensateur total (**F**)

$C_1, C_2, ..., C_n$:   chaque condensateur (**F**)

Brancher des condensateurs en parallèle est une opération très courante, car cela équivaut à ajouter les valeurs de chaque condensateur. Imaginez qu'il vous faille un *condensateur de filtrage* d'alimentation de 10 000 microfarads et que vous n'ayez en stock que des condensateurs de 5 000 microfarads, la mise en parallèle de deux de ces condensateurs fournira un résultat identique du point de vue électrique.

Du point de vue mécanique, une telle mise en parallèle présente certains avantages, comme par exemple l'obtention d'un encombrement en hauteur plus faible qu'avec un seul condensateur, au détriment bien sûr de l'encombrement en largeur. Également, un condensateur de grosse valeur implique des fils de raccordement de forte section, alors que la même valeur répartie sur plusieurs condensateurs branchés en parallèle se traduit par une réduction proportionnelle de la section de chacun des fils.

N'oubliez pas que les valeurs s'additionnant, vous devez obligatoirement trouver un résultat dont la valeur sera toujours plus élevée que la valeur du plus gros des condensateurs branchés en parallèle.

EXERCICE 1

Déterminez la *capacité totale* du circuit de la figure 47.

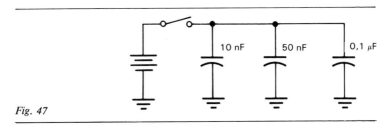

Fig. 47

Effectuez directement le calcul à partir de la formule :

$$C_T = C_1 + C_2 + C_3$$
$$= 0,01 + 0,05 + 0,1 = 0,16 \ \mu\text{F}$$

56

EXEMPLE 2

Vous possédez dans vos tiroirs plusieurs condensateurs dans chacune des valeurs suivantes : 20, 10, 5, 2 et 1 microfarads, et le circuit nécessite un condensateur de 23 microfarads.

Sélectionnez la combinaison en parallèle qui vous permet d'obtenir la valeur recherchée.

Avec un peu d'imagination, il vous est possible de trouver plusieurs combinaisons :

$$20 + 1 + 1 + 1 = 23 \ \mu\text{F}$$

$$10 + 10 + 2 + 1 = 23 \ \mu\text{F}$$

$$10 + 5 + 5 + 2 + 1 = 23 \ \mu\text{F}$$

etc.

constante de temps d'un circuit RL

$$T = \frac{L}{R}$$

T: temps (s)
L: inductance (H)
R: résistance (Ω)

Lorsque sur le circuit de la figure 48 vous fermez l'*interrupteur*, vous pourriez penser qu'un courant se met à circuler instantanément dans la résistance et l'inductance. En fait, il n'en est rien car dès que le courant pénètre à travers l'inductance, celle-ci développe une *force contre-électromotrice* qui tend à s'opposer au passage du courant. Ce n'est que progressivement qu'il arrive à s'établir dans le circuit, tel que le montre la figure 49.

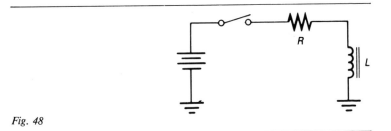

Fig. 48

Le *temps d'établissement* du courant est proportionnel à la valeur de l'inductance, c'est-à-dire que plus l'inductance aura une valeur

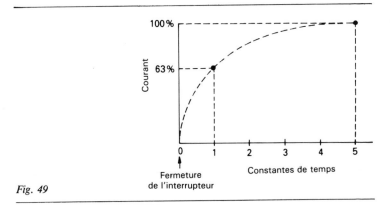

Fig. 49

élevée, plus le temps nécessaire au courant pour atteindre sa *valeur nominale* sera grand. Ce temps est par contre inversement proportionnel à la valeur de la résistance, ce qui veut dire que plus cette dernière sera faible et plus l'effet de l'inductance se fera sentir.

Pour définir le temps que mettra le courant à atteindre sa valeur nominale, vous allez employer le rapport de l'inductance sur la résistance, qui s'appelle *constante de temps RL*. En vous reportant à la figure 49, vous pouvez constater que le courant n'atteint sa valeur nominale qu'au bout d'un temps égal à cinq fois la valeur de la constante de temps *RL*. D'un autre côté, il est intéressant de savoir qu'au bout d'une seule constante de temps, le courant à travers le circuit n'a atteint que 63 % de sa valeur nominale.

EXEMPLE 1

Quel temps mettra le courant du circuit de la figure 50 pour atteindre 63 % de sa valeur nominale lorsque vous fermerez l'interrupteur ?

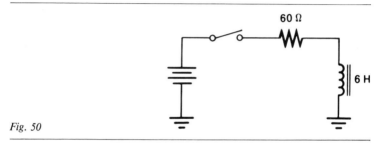

Fig. 50

Comme 63 % de la valeur nominale du courant est atteint au bout d'une constante de temps, il vous suffit d'appliquer directement la formule :

$$T = \frac{L}{R}$$

$$= \frac{6}{60} = 0,1 \text{ s}$$

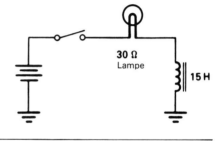

Fig. 51

EXEMPLE 2

Quel temps mettra la lampe du circuit de la figure 51 pour s'éclairer complètement après la fermeture de l'interrupteur ?

Déterminez tout d'abord la valeur de la constante de temps du circuit en appliquant la formule :

$$T = \frac{L}{R}$$

$$= \frac{15}{30} = 0{,}5 \text{ s}$$

Le courant à travers la lampe mettra 5 fois le temps égal à la constante de temps RL avant d'atteindre sa valeur nominale correspondant à l'éclairement complet de la lampe, soit :

$$5T = 5 \times 0{,}5 = 2{,}5 \text{ s}$$

constante de temps d'un circuit RC

$$T = R \times C$$

T:	temps (s)
R:	résistance (Ω)
C:	condensateur (**F**)

Dans le cas de la charge d'un condensateur à travers une résistance, comme cela apparaît à la figure 52, le courant se met à circuler instantanément à travers le circuit alors que la tension aux bornes du condensateur met un certain temps avant d'atteindre sa valeur nominale, comme si le condensateur était un grand réservoir qu'il fallait remplir.

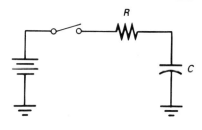

Fig. 52

La charge du condensateur étant proportionnelle au courant qui l'alimente et à sa propre taille, le temps que mettra le condensateur pour se charger sera calculé à partir de la constante de temps *RC* qui est égale au produit de la résistance par la valeur du condensateur.

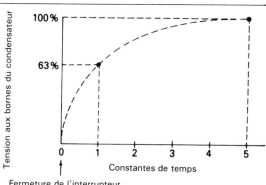

Fig. 53

61

Le *graphique* de la figure 53 vous montre que la tension aux bornes du condensateur atteint sa valeur nominale au bout d'un laps de temps égal à cinq fois la constante de temps *RC* et que par contre, cette tension ne représente que 63 % de la valeur nominale au bout d'un temps correspondant à une constante de temps *RC*.

EXEMPLE 1

Quelle est la valeur de la constante de temps du *circuit RC* de la figure 54?

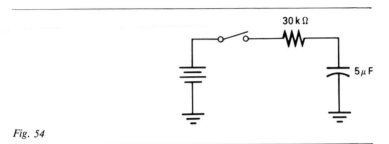

Fig. 54

Vous allez pouvoir obtenir directement la valeur de la constante de temps *RC* à partir de la formule:

$$T = R \times C = 30 \times 10^3 \times 5 \times 10^{-6} = 0,15 \text{ s}$$

EXEMPLE 2

Quel temps faudra-t-il au condensateur du circuit de la figure 55 pour que la tension à ses bornes atteigne la valeur de 9 volts après la fermeture de l'interrupteur?

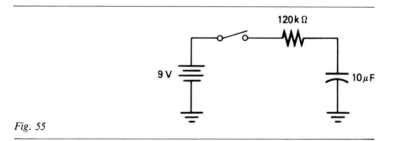

Fig. 55

Déterminez en tout premier lieu la valeur de la constante de temps:

$$T = R \times C = 120 \times 10^{-3} \times 10^{-5} = 1,2 \text{ s}$$

Le condensateur sera entièrement chargé au bout d'un laps de temps égal à 5 fois la constante de temps *RC*:

$$5T = 5 \times 1,2 = 6 \text{ s}$$

résistance de dérivation d'un ampèremètre

$$R_D = R_G \times \frac{I_G}{I_T - I_G}$$

R_D : résistance de dérivation (Ω)

R_G : résistance du galvanomètre (Ω)

I_G : courant dans le galvanomètre (**A**)

I_T : courant total (**A**)

La grande majorité des *appareils de mesure* de courant utilisent un *galvanomètre* à *cadre mobile,* très sensible et n'admettant que des courants de faible valeur. Pour mesurer des courants plus importants sans détériorer le galvanomètre, il convient de placer à ses bornes une *résistance de dérivation* qui, comme son nom l'indique, dérive la plus grande partie du courant à mesurer, ne laissant passer à travers le galvanomètre qu'une fraction de celui-ci.

La formule qui vous est proposée vous permet de calculer la valeur de cette résistance de dérivation, connaissant la résistance interne du galvanomètre et la fraction du courant total qui le traverse. Un point important à ne pas oublier : pensez à calculer la puissance qui va se dégager en chaleur dans cette résistance de dérivation et choisissez-la en conséquence. Une résistance de puissance insuffisante se détruirait et entraînerait également la destruction du galvanomètre qui recevrait alors la totalité du courant.

EXEMPLE 1

Un ampèremètre utilise un galvanomètre de 1 500 ohms de résistance interne déviant à pleine échelle pour un courant de 1 milliampère. Si vous utilisez un tel appareil pour mesurer un courant de 2 ampères (voir figure 56), quelle doit être la valeur de la résistance de dérivation ?

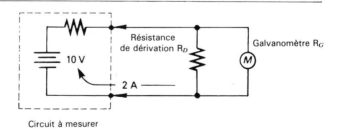

Fig. 56

Vous allez calculer directement la valeur de la résistance de dérivation à partir de la formule :

$$R_D = R_G \times \frac{I_G}{I_T - I_G}$$

$$= 1\,500 \times \frac{0{,}001}{2 - 0{,}001} = 0{,}75\,\Omega$$

EXEMPLE 2

A partir du circuit de la figure 57, calculez la valeur de la résistance de dérivation pour un *calibre* de 500 milliampères, sachant que le galvanomètre possède une résistance interne de 1 000 ohms et qu'il dévie à pleine échelle pour 5 milliampères. Calculez également la puissance de cette résistance.

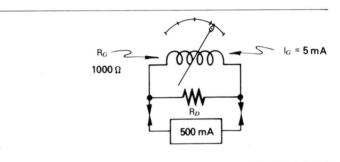

Fig. 57

Vous allez à nouveau calculer directement la valeur de la résistance de dérivation à partir de la formule :

$$R_D = R_G \times \frac{I_G}{I_T - I_G}$$

$$= 1\,000 \times \frac{0{,}005}{0{,}5 - 0{,}005} = 10{,}1\,\Omega$$

Pour calculer la puissance dissipée par la résistance de dérivation, vous pouvez utiliser la relation :

$$P = R \times I^2$$

$$= 10{,}1 \times 0{,}495^2 = 2{,}47\,W$$

Il conviendra de choisir une résistance de 5 watts de puissance, afin de posséder une bonne *marge de sécurité*.

sensibilité d'un voltmètre

$$S = \frac{1}{I_{max}}$$

S: sensibilité en ohms par volt (Ω/V)

I_{max}: courant maximal en ampères (A)

Il est important de connaître la *sensibilité* d'un voltmètre avant de s'en servir pour effectuer des mesures. Comme cette sensibilité se calcule en ohms par volt, elle correspond à la résistance interne que possède le voltmètre en fonction du calibre utilisé.

Or, lorsque vous vous servez d'un voltmètre pour effectuer des mesures, vous placez en parallèle sur le circuit à mesurer la résistance interne du voltmètre. Pour perturber le moins possible le circuit à mesurer, il est de votre intérêt de posséder un voltmètre dont la résistance interne soit très élevée, c'est-à-dire un voltmètre utilisant un galvanomètre très sensible capable de dévier à *pleine échelle* pour un courant très faible.

Si vous prenez par exemple un voltmètre équipé d'un galvanomètre déviant à pleine échelle pour un courant de 50 microampères, sa sensibilité est de:

$$S = \frac{1}{50 \times 10^{-6}} = 20\ 000\ \Omega/\text{V}$$

Cela revient à dire que sur le calibre 10 volts, ce voltmètre aura une résistance interne de:

$$R_{int} = 10 \times 20\ 000 = 200\ 000\ \Omega$$

En fait, plus la sensibilité du galvanomètre sera élevée et plus la résistance interne du voltmètre sera grande.

EXEMPLE 1

Quelle est la sensibilité d'un voltmètre équipé d'un galvanomètre à cadre mobile déviant à pleine échelle pour un courant de 1 milliampère? Et pour un courant de 25 microampères?

Vous allez obtenir directement la sensibilité du voltmètre en appliquant la formule:

$$S = \frac{1}{I_{max}} = \frac{1}{0,001} = 1\ 000\ \Omega/\text{V}$$

Pour le second cas, vous allez trouver:

$$S = \frac{1}{I_{max}} = \frac{1}{25 \times 10^{-6}} = 40\ 000\ \Omega/V$$

EXEMPLE 2

Sachant qu'un voltmètre est équipé d'un galvanomètre à cadre mobile déviant à pleine échelle pour un courant de 100 microampères, déterminez la résistance interne de ce voltmètre sur les calibres 10, 100 et 1 000 volts.

La première opération consiste à déterminer la sensibilité du voltmètre à partir de la formule:

$$S = \frac{1}{I_{max}} = \frac{1}{0,0001} = 10\ 000\ \Omega/V$$

Vous allez ensuite obtenir la résistance interne du voltmètre en fonction du calibre employé, en multipliant ce dernier par la sensibilité du voltmètre.

Calibre 10 **V**:
$$R_{int} = 10\ 000 \times 10 = 100\ 000\ \Omega, \text{ ou } 100\ k\Omega$$

Calibre 100 **V**:
$$R_{int} = 10\ 000 \times 100 = 1\ 000\ 000\ \Omega, \text{ ou } 1\ M\Omega$$

Calibre 1 000 **V**:
$$R_{int} = 10\ 000 \times 1\ 000 = 10\ 000\ 000\ \Omega, \text{ ou } 10\ M\Omega$$

résistance interne d'un voltmètre

$$R_S = (C \times S) - R_G$$

R_S:	résistance série (Ω)
C:	calibre du voltmètre (**V**)
S:	sensibilité ($\Omega/\textbf{V}$)
R_G:	résistance du galvanomètre (Ω)

S'il vous arrive de vouloir fabriquer vous-même un voltmètre à partir d'un galvanomètre déjà en votre possession, la présente formule doit vous permettre de calculer la résistance R_S qu'il vous faut brancher en série avec le galvanomètre pour le transformer en voltmètre.

Si vous souhaitez construire un voltmètre à plusieurs calibres, vous devez utiliser le calibre le plus petit pour trouver la valeur de la *résistance série*. Les autres résistances se calculent par soustractions successives en progressant du calibre le plus faible vers les calibres les plus grands. La *tolérance* de ces résistances doit être de l'ordre de 1 %, de façon à conférer au voltmètre une précision du même ordre de grandeur.

EXEMPLE 1

Quelle est la valeur de la résistance R_S qu'il vous faut rajouter en série avec le galvanomètre de 50 microampères et de 3 000 ohms de résistance interne de la figure 58 pour le transformer en voltmètre de calibre 5 volts?

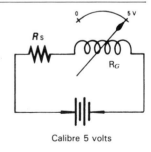

Calibre 5 volts

Fig. 58

Il vous faut déterminer en tout premier lieu la sensibilité du voltmètre à partir de la relation:

$$S = \frac{1}{I_{max}} = \frac{1}{50 \times 10^{-6}} = 20\ 000\ \Omega/\textbf{V}$$

Puis vous allez calculer directement la résistance R_S à partir de la formule :

$$R_S = (C \times S) - R_G$$
$$= (5 \times 20\,000) - 3\,000 = 97\,000\ \Omega, \text{ ou } 97\ \text{k}\Omega$$

EXEMPLE 2

A l'aide du même galvanomètre, calculez les diverses résistances à mettre en série pour obtenir les calibres 1, 2 et 5 volts.

La sensibilité du voltmètre étant de 20 000 ohms par volt, commencez le calcul de la résistance R_S pour le calibre le plus faible :

$$R_{S(1V)} = (C \times S) - R_G$$
$$= 1 \times 20\,000 - 3\,000 = 17\,000\ \Omega, \text{ ou } 17\ \text{k}\Omega$$

Pour obtenir la seconde résistance $R_{S(2V)}$ correspondant au calibre 2 volts, appliquez la même formule et retranchez du résultat précédent :

$$R_{S(2V)} = (C \times S) - R_G - R_{S(1V)}$$
$$= (2 \times 20\,000) - 3\,000 - 17\,000 = 20\,000\ \Omega, \text{ ou } 20\ \text{k}\Omega$$

Opérez de même pour le calcul de $R_{S(5V)}$:

$$R_{S(5V)} = (C \times S) - R_G - R_{S(1V)} - R_{S(2V)} = 60\ \text{k}\Omega$$

2

les formules des circuits à courant alternatif

Le présent chapitre, suite logique du précédent sur les circuits à courant continu, traite des circuits à courant alternatif, avec de nouvelles formules qui vont vous permettre de déterminer:

valeur instantanée d'une tension alternative

$$\vartheta = V_{max} \times \sin \theta$$

ϑ : tension instantanée en volts (**V**)
V_{max} : tension maximale en volts (**V**)
θ : angle de déphasage en degrés (°)

Un *signal alternatif* est un signal qui, contrairement à un *signal continu* constant, est en perpétuel changement. C'est le cas du *signal* alternatif *sinusoïdal* de la figure 1, où vous pouvez constater que sa *valeur instantanée* est tantôt positive, nulle ou négative.

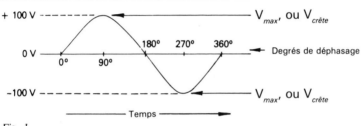

Fig. 1

Connaître la valeur exacte d'un tel *signal* peut présenter un certain intérêt, surtout pour des valeurs particulières de *l'angle de déphasage.* Ainsi pour un angle de déphasage de 45 degrés, vous pouvez évaluer sa valeur instantanée entre 0 et + 100 volts. Ce résultat approximatif peut être amélioré si vous employez la formule ci-dessus, dans laquelle vous utilisez le sinus de l'angle de déphasage (touche «sin» de votre calculette).

A titre d'exemple, le calcul de la valeur instantanée du signal de la figure 1 pour les angles de déphasage de 90 et 270 degrés donne comme résultat :

$$\vartheta = V_{max} \times \sin \theta$$
$$= 100 \times \sin 90°$$
$$= 100 \times 1$$
$$= + 100 \text{ V}$$
$$= V_{max}$$

$$\vartheta = V_{max} \times \sin \theta$$
$$= 100 \times \sin 270°$$
$$= 100 \times (-1)$$
$$= -100 \text{ V}$$
$$= -V_{max}$$

Il est important de noter que vous rencontrerez indifféremment les appellations V_{max} ou $V_{crête}$ pour désigner le point maximal ou minimal de passage du signal.

EXEMPLE 1

Sachant que la *tension crête* du signal de la figure 2 est de 30 volts, déterminez la *tension instantanée* de ce signal pour un angle de déphasage de 200 degrés.

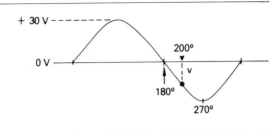

Fig. 2

Le calcul se fait directement si vous appliquez la formule :

$$\vartheta = V_{max} \times \sin \theta$$
$$= 30 \times \sin 200°$$
$$= 30 \times (-0{,}342) = -10{,}26 \text{ V}$$

EXEMPLE 2

A partir du même signal de la figure 2, déterminez la valeur instantanée de la tension pour les angles de déphasage de 45 et de 135 degrés.

Le calcul se fait directement si vous appliquez à chaque fois la formule :

$$\vartheta = V_{max} \times \sin \theta \qquad\qquad \vartheta = V_{max} \times \sin \theta$$
$$= 30 \times \sin 45° \qquad\qquad = 30 \times \sin 135°$$
$$= 30 \times 0{,}707 \qquad\qquad = 30 \times 0{,}707$$
$$= 21{,}21 \text{ V} \qquad\qquad = 21{,}21 \text{ V}$$

Notez que la valeur instantanée de la tension est la même pour ces deux points, car ils sont placés à ± 45 degrés de l'angle de déphasage de 90 degrés pour lequel le signal est maximal.

tension moyenne d'un signal sinusoïdal redressé

$$V_{moy} = V_{max} \times 0{,}636$$

V_{moy} : tension moyenne (**V**)
V_{max} : tension maximale (**V**)
0,636 : coefficient égal à $2/\pi$

Saviez-vous que les appareils de mesure à cadre mobile, comme les galvanomètres, les ampèremètres ou les voltmètres ont une *aiguille* qui dévie proportionnellement à la *tension moyenne* du *signal* alternatif *redressé* qui les traverse ?

Cette tension moyenne correspond à la tension continue pour laquelle la surface de la zone hachurée X de la figure 3 a même superficie que la surface de la zone hachurée Y. En d'autres termes, la tension moyenne d'un signal alternatif est la tension continue pour laquelle la surface comprise entre cette tension et l'axe 0 volt est égale à la surface comprise entre la tension alternative redressée et le même axe 0 volt.

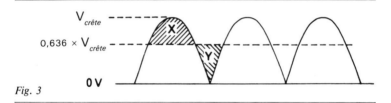

Fig. 3

Ainsi, un signal alternatif sinusoïdal redressé de *tension maximale* 311 volts a une valeur moyenne de :

$$V_{moy} = V_{max} \times 0{,}636$$
$$= 311 \times 0{,}636 = 198 \text{ V}$$

EXEMPLE 1

Déterminez la valeur moyenne d'un signal sinusoïdal redressé de 450 volts de tension crête.

Vous allez pouvoir calculer directement le résultat à partir de la formule :

$$V_{moy} = V_{max} \times 0{,}636$$
$$= 450 \times 0{,}636 = 286 \text{ V}$$

EXEMPLE 2

Le signal de la figure 3 correspond à un redressement *double alternance*. Déterminez dans le cas de la figure 4, qui correspond à un redressement *mono-alternance,* la valeur moyenne redressée, sachant que la tension crête à crête du signal alternatif initial est de 300 volts.

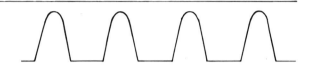

Fig. 4

En premier lieu, déterminez la tension crête du signal alternatif à partir de la *tension crête à crête* :

$$V_{crête} = \frac{V_{crête\ à\ crête}}{2}$$

$$= \frac{300}{2} = 150 \text{ V}$$

Calculer ensuite la valeur moyenne du signal de la figure 4 en appliquant la formule et en divisant le résultat par deux :

$$V_{moy\ (1\ alternance)} = \frac{V_{max} \times 0{,}636}{2}$$

$$V_{moy\ (1\ alternance)} = \frac{150 \times 0{,}636}{2} = 47{,}7 \text{ V}$$

tension efficace
d'un signal sinusoïdal

$$V_{eff} = V_{max} \times 0,707$$

V_{eff} :   tension efficace (**V**)
V_{max} :   tension maximale (**V**)
0,707 :   coefficient égal à $\sqrt{2}/2$

Lorsque vous appliquez une *tension alternative* aux bornes d'un radiateur électrique ou d'une lampe, il s'en suit un certain *dégagement de chaleur* correspondant à la *puissance absorbée* en watts. Or, cette puissance ne correspond pas à la *valeur crête,* ou *maximale,* du signal.

En fait, la puissance transformée en *chaleur* est déterminée par la *tension efficace* du signal alternatif appliqué. Cette tension efficace correspond à la tension continue qui, appliqué au même élément chauffant, provoquerait le même dégagement de chaleur.

Si le signal est sinusoïdal, ce qui est par exemple le cas du secteur alternatif classique, la valeur efficace de ce signal est égale à 0,707 fois sa valeur maximale. Dans la réalité, la plupart des tensions alternatives sont définies par leur valeur efficace. Ainsi, lorsque vous parlez du 220 volts alternatifs, il s'agit en fait d'une tension alternative dont la valeur efficace est de 220 volts. Il en est de même pour les tensions d'entrée et de sortie des transformateurs, des appareils électroménagers, etc.

EXEMPLE 1

Sachant qu'un signal sinusoïdal visualisé à l'*oscilloscope* possède une tension crête de 24 volts, déterminez sa tension efficace?

Dans ce cas, vous allez trouver directement la tension efficace du signal en appliquant la formule :

$$V_{eff} = V_{max} \times 0,707$$
$$= 24 \times 0,707 = 17 \text{ V}$$

EXEMPLE 2

Sachant qu'un signal alternatif sinusoïdal de 220 volts efficaces est appliqué aux bornes d'un voltmètre et qu'il subit un *redressement double alternance* avant de traverser le galvanomètre à cadre mobile de ce voltmètre, calculez la *correction* qu'il convient d'effectuer pour la gravure du *cadran.*

Le galvanomètre déviant sous l'action de la valeur moyenne du signal qui lui est appliqué, la première étape consiste à calculer la valeur maximale du signal en appliquant la formule :

$$V_{eff} = V_{max} \times 0{,}707$$

qui devient après transformation :

$$V_{max} = \frac{V_{eff}}{0{,}707}$$

$$= \frac{220}{0{,}707} = 311\ V$$

Calculez ensuite la valeur moyenne du signal redressé correspondant à cette valeur maximale en appliquant la formule :

$$V_{moy} = V_{max} \times 0{,}636$$

$$= 311 \times 0{,}636 = 198\ V$$

Comme la valeur moyenne du signal est de 198 volts alors que sa valeur efficace est de 220 volts, vous devez apporter une correction à la gravure telle que :

$$V_{eff} = V_{moy} \times \text{correction}$$

soit :

$$\text{correction} = \frac{V_{eff}}{V_{moy}} = \frac{220}{198} = 1{,}11$$

puissance efficace
aux bornes d'une charge

$$P_{eff} = \frac{V^2_{eff}}{R_C}$$

P_{eff}:   puissance efficace (**W**)
V_{eff}:   tension efficace (**V**)
R_C: résistance de charge (Ω)

La *puissance de sortie* d'un *amplificateur* est bien souvent définie par des puissances dont les appellations très diverses vont de la puissance RMS à la *puissance de crête, musicale,* etc.

En fait, il n'existe qu'une seule puissance qui ait un sens physique réel : la *puissance efficace.* Elle se calcule à partir de la tension efficace qui apparaît aux bornes de la *charge,* qu'il suffit d'élever au carré et de diviser par la valeur de la résistance de cette charge.

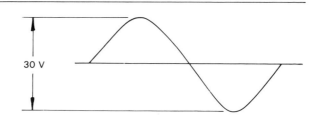

30 V

Fig. 5

Ainsi, un amplificateur qui délivre un signal de 30 volts de tension crête à crête aux bornes d'une charge de 8 ohms de résistance (voir figure 5), dissipe dans cette charge une puissance de :

$$V_{crête} = \frac{V_{crête à crête}}{2} = \frac{30}{2} = 15\ V$$

ce qui donne :

$$V_{eff} = V_{crête} \times 0{,}707 = 10{,}61\ V$$

soit finalement :

$$P_{eff} = \frac{V^2_{eff}}{R_C} = \frac{(10{,}61)^2}{8} = 14\ W$$

EXEMPLE 1

Déterminez la puissance efficace dissipée dans une charge de 200 ohms de résistance lorsque vous y appliquez une *tension sinusoïdale* de 40 volts de tension crête à crête.

Déterminez en tout premier lieu la valeur de la tension efficace :

$$V_{crête} = \frac{V_{crête \ à \ crête}}{2}$$

$$= \frac{40}{2} = 20 \text{ V}$$

$$V_{eff} = V_{crête} \times 0{,}707$$

$$= 20 \times 0{,}707 = 14{,}14 \text{ V}$$

Appliquez ensuite ce résultat dans la formule :

$$P_{eff} = \frac{V^2_{eff}}{R_C}$$

$$= \frac{(14{,}14)^2}{200} = 1 \text{ W}$$

EXEMPLE 2

Sachant qu'un amplificateur délivre une puissance crête de 30 watts dans une charge de 4 ohms de résistance, déterminez la puissance efficace correspondante.

La première étape consiste à trouver la tension crête qui correspond à la puissance crête à partir de la formule :

$$P_{crête} = \frac{V^2_{crête}}{R_C}$$

ce qui donne après transformation :

$$V_{crête} = \sqrt{P_{crête} \times R_C}$$

$$= \sqrt{30 \times 4} = 10{,}95 \text{ V}$$

Calculez ensuite la tension efficace à partir de la formule :

$$V_{eff} = V_{crête} \times 0{,}707$$

$$= 10{,}95 \times 0{,}707 = 7{,}75 \text{ V}$$

Finalement, déterminez la puissance efficace à partir de la formule :

$$P_{eff} = \frac{V^2_{eff}}{R_C}$$

$$= \frac{(7{,}75)^2}{4} = 15 \text{ W}$$

Vous noterez que la puissance efficace est égale à la moitié de la puissance crête.

fréquence d'un signal périodique

$$f = \frac{1}{T}$$

f: fréquence en hertz (**Hz**)

T: période en secondes (**s**)

Si les précédentes formules traitaient de l'amplitude du signal alternatif, la présente formule porte sur la fréquence de ce même signal, c'est-à-dire sur le nombre de répétitions du *cycle* complet d'allers et retours en une *seconde*.

Ce nombre de répétitions par seconde s'exprime en *hertz,* unité moderne qui remplace l'ancienne définie en cycles par seconde. Pour mieux comprendre cette notion, imaginez un *alternateur* tournant produisant un signal alternatif. Si vous accélérez la *vitesse de rotation* de l'alternateur, vous allez produire un aller et retour du signal en moins de temps. De ce fait, la *fréquence* du signal sera plus élevée.

En règle générale, la fréquence d'un signal alternatif sera inversement proportionnelle à la *période* de temps nécessaire pour qu'il réalise un aller et retour complet. Si, par exemple, un signal réalise un aller et retour complet en 20 millisecondes, sa fréquence sera de:

$$f = \frac{1}{T} = \frac{1}{20 \times 10^{-3}} = 50\,\text{Hz}$$

EXEMPLE 1

Déterminez la fréquence du signal de la figure 6.

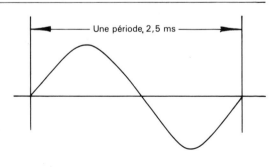

Fig. 6

Sachant que la période d'un aller et retour complet de ce signal est de 2,5 millisecondes, sa fréquence est déterminée par la formule :

$$f = \frac{1}{T}$$

$$= \frac{1}{2,5 \times 10^{-3}} = 400 \, \text{Hz}$$

Ce résultat revient à dire que le signal réalise 400 allers et retours complets en 1 seconde.

EXEMPLE 2

Déterminez la fréquence du signal de la figure 7.

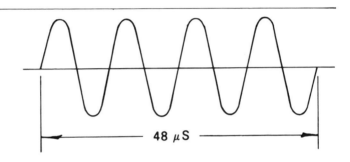

Fig. 7

Sur la figure 7, il est représenté 4 cycles complets du signal alternatif. La durée d'un cycle est égale à :

$$T = \frac{48}{4} = 12 \, \mu s, \text{ ou } 12 \,.\, 10^{-6} \text{s}$$

Reportez maintenant cette valeur dans la formule :

$$f = \frac{1}{T}$$

$$= \frac{1}{12 \times 10^{-6}} = 83 \, 333 \, \text{Hz, ou } 83,33 \, \text{kHz}$$

période
d'un signal périodique

$$T = \frac{1}{f}$$

T: période en secondes (**s**)
f: fréquence en hertz (**Hz**)

Connaissant la fréquence d'un *signal périodique,* il est aisé d'en déterminer sa *période* à partir de la formule:

$$T = \frac{1}{f}$$

dans laquelle T est la période exprimée en secondes et f la fréquence en hertz.

A partir de cette formule, vous pouvez constater que plus la fréquence du signal sera élevée et plus sa période sera courte. Inversement, plus la fréquence du signal sera faible et plus sa période sera longue.

En comparant les trois fréquences suivantes vous allez vérifier cette affirmation:

$f_1 = 200 \, \text{Hz},$ $T_1 = \dfrac{1}{f_1} = \dfrac{1}{200} = 5 \times 10^{-3}\text{s, ou 5 ms}$

$f_2 = 500 \, \text{Hz},$ $T_2 = \dfrac{1}{f_2} = \dfrac{1}{500} = 2 \times 10^{-3}\text{s, ou 2 ms}$

$f_3 = 1\,000 \, \text{Hz},$ $T_3 = \dfrac{1}{f_3} = \dfrac{1}{1\,000} = 1 \times 10^{-3}\text{s, ou 1 ms}$

EXEMPLE 1

A partir des 3 signaux observés à la figure 8, déterminez celui dont la période est la plus courte.

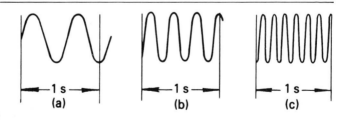

Fig. 8

Déterminez en tout premier lieu la fréquence de chacun des signaux, c'est-à-dire le nombre d'allers et retours qu'ils effectuent par seconde :

$$f(a) = 1,75 \text{ Hz}$$

$$f(b) = 3,5 \text{ Hz}$$

$$f(c) = 6,5 \text{ Hz}$$

Calculez ensuite la période de chacun des signaux en appliquant la formule :

$$T(a) = \frac{1}{f(a)} = \frac{1}{1,75} = 0,57 \text{ s}$$

$$T(b) = \frac{1}{f(b)} = \frac{1}{3,5} = 0,29 \text{ s}$$

$$T(c) = \frac{1}{f(c)} = \frac{1}{6,5} = 0,15 \text{ s}$$

Le signal *(c)* est celui qui possède la période la plus courte. Ce résultat peut être obtenu directement par simple observation de la figure 8 : en un même temps (1 s), c'est bien le signal *(c)* qui effectue le plus d'allers et retours.

EXEMPLE 2

Calculez la période d'un signal à 27 mégahertz.

Appliquez directement la formule :

$$T = \frac{1}{f}$$

$$= \frac{1}{27 \times 10^6} = 37 \times 10^{-9} \text{s} = 37 \text{ ns (nanosecondes)}$$

fréquence
d'un alternateur

$$f = \frac{N \times \vartheta}{120}$$

$f:$ fréquence en hertz (**Hz**)

$N:$ nombre de pôles

$\vartheta:$ vitesse de rotation en tours par minute (**tr/min**)

Un alternateur est une *machine tournante,* comme celle de la figure 9, composée d'un *enroulement de fil* tournant devant plusieurs *pôles aimantés.* Deux *balais* récoltent aux bornes de cet enroulement un signal alternatif dont la fréquence dépend à la fois de la *vitesse de rotation* de l'alternateur et du nombre de *pôles* de *l'inducteur.*

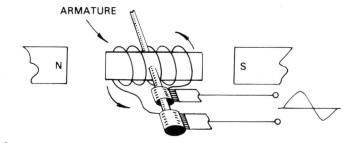

Fig. 9

L'examen du fonctionnement de cet alternateur montre que l'enroulement doit faire un tour complet pour produire une alternance du signal alternatif. Ainsi, si l'enroulement fait un tour complet en 20 millisecondes, il va produire un signal alternatif de 50 hertz de fréquence: l'enroulement fait en effet $\dfrac{1}{20 \times 10^{-3}} =$ 50 tours par seconde, ou $50 \times 60 = 3\,000$ tours par minute. Si vous appliquez maintenant la formule à cet exemple, vous allez pouvoir en vérifier l'exactitude:

$$f = \frac{N \times \vartheta}{120} = \frac{2 \times 3\,000}{120} = 50\,\text{Hz}$$

Le nombre de pôles est également un facteur important à considérer, car plus ce nombre augmente, et plus, pour une même vitesse de rotation, la fréquence du signal alternatif augmente. Ainsi un alternateur à 4 pôles ne nécessite plus qu'une vitesse de 1 500 tours par minute pour fournir un signal alternatif à 50 hertz.

EXEMPLE 1

Calculez la fréquence du signal délivré par un alternateur à 16 pôles tournant à 1 400 tours par minute.

Calculez directement cette fréquence en appliquant la formule :

$$f = \frac{N \times \vartheta}{120}$$

$$= \frac{16 \times 1\ 400}{120} = 186,6\ \text{Hz}$$

EXEMPLE 2

Déterminez le nombre de pôles d'un alternateur tournant à 6 000 tours par minute pour qu'il délivre un signal alternatif de 400 hertz de fréquence.

La première étape consiste à transformer la formule :

$$f = \frac{N \times \vartheta}{120}$$

qui devient :

$$N = \frac{120 \times f}{\vartheta}$$

$$= \frac{120 \times 400}{6\ 000} = 8\ \text{pôles}$$

vitesse
d'un moteur synchrone

$$\vartheta = \frac{f \times 120}{N}$$

$\vartheta :$ vitesse de rotation (**tr/min**)
$f :$ fréquence (**Hz**)
$N :$ nombre de pôles

La vitesse d'un *moteur synchrone* est déterminée par la vitesse de rotation du *champ* magnétique *tournant* qui l'alimente. La force qui fait tourner le *moteur* provient du résultat conjugué des *forces d'attraction* et de *répulsion* existant entre l'*induit* et les pôles de l'inducteur. De ce fait, si vous augmentez la fréquence du signal alternatif d'alimentation du moteur, vous accélérez sa vitesse de rotation dans un même rapport.

Dans un même ordre d'idées, toute augmentation du nombre de pôles se traduit par une diminution de la vitesse de rotation du moteur, ce dernier n'avançant que de deux pôles à chaque cycle complet du signal alternatif. En fait, vous pouvez vous souvenir de la règle suivante : pendant une période entière du signal alternatif d'alimentation, le moteur synchrone n'avance que de deux pôles.

La vitesse que vous allez calculer grâce à cette formule est la *vitesse à vide* du moteur. Lorsque celui-ci entraîne un mécanisme quelconque, sa vitesse diminue en proportion de l'effort qu'il doit fournir.

EXEMPLE 1

Quelle est la vitesse de rotation à vide d'un moteur synchrone à 32 pôles alimenté par un signal alternatif à 50 hertz ?

La vitesse de rotation à vide s'obtient directement par application de la formule :

$$\vartheta = \frac{f \times 120}{N}$$

$$= \frac{50 \times 120}{32} = 187,5 \text{ tr/min}$$

EXEMPLE 2

Quelle est la vitesse de rotation à vide, en tours par seconde, d'un moteur synchrone à 4 pôles alimenté par un signal alternatif à 50 hertz ?

Calculez en tout premier lieu la vitesse de rotation en tours par minute en appliquant directement la formule :

$$\vartheta = \frac{f \times 120}{N}$$

$$= \frac{50 \times 120}{4} = 1\ 500 \text{ tr/min}$$

Transformez ensuite cette vitesse en tours par seconde en divisant le résultat trouvé par 60 :

$$\vartheta = \frac{1\ 500}{60} = 25 \text{ tr/s}$$

Si vous comparez ce résultat à celui de l'exemple précédent, vous pouvez constater qu'à un faible nombre de pôles correspond une grande vitesse de rotation et vice versa.

tension triphasée

$$V_{TRI} = V_{MONO} \times 1,732$$

V_{TRI}: tension triphasée (**V**)
V_{MONO}: tension monophasée (**V**)
1,732: coefficient égal à $\sqrt{3}$

La *distribution domestique* de l'*énergie électrique* est générale-ment *triphasée,* c'est-à-dire qu'elle est réalisée avec trois *fils de phase* et un *fil commun* de retour. La plupart du temps, vous ne voyez que deux fils alimenter votre logement car vous n'êtes qu'un petit consommateur. Pour une plus *forte consommation,* il devient nécessaire de passer de l'*alimentation* en deux fils (*mono-phasée*) à l'*alimentation* en quatre fils (*triphasée*) de façon à réduire le courant dans chacun des fils.

La figure 10 représente une *ligne triphasée* de distribution d'éner-gie avec ses trois fils de phase A, B et C et son fil commun de retour. Deux types de charge sont représentés sur la droite, sui-vant qu'il s'agit d'une charge de *faible puissance* (lampe mono-phasée) ou de *forte puissance* (radiateur électrique triphasé).

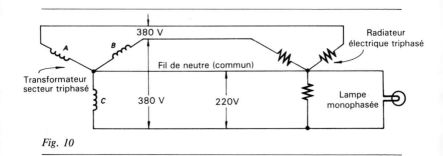

Fig. 10

Connaissant la valeur de la *tension monophasée,* ce qui est le plus souvent le cas, la présente formule vous permet de calculer la valeur de la *tension triphasée,* c'est-à-dire de la tension existant entre deux *phases* quelconques. Ainsi si la tension entre une phase et le *fil* commun *de retour* (le *neutre*) est de 220 volts, la tension entre phases est de:

$$V_{TRI} = V_{MONO} \times 1,732$$
$$= 220 \times 1,732 = 380 \text{ V}$$

L'allure des signaux délivrés par les trois phases est illustrée à la figure 11. Vous pouvez constater que chaque signal est décalé, ou *déphasé,* par rapport aux autres.

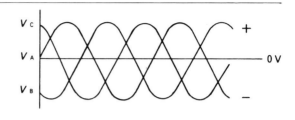

Fig. 11

EXEMPLE

Sachant que la tension monophasée de la *ligne de distribution* d'énergie à 4 fils de la figure 12 est de 127 volts, quelle est la tension triphasée de cette figure de distribution?

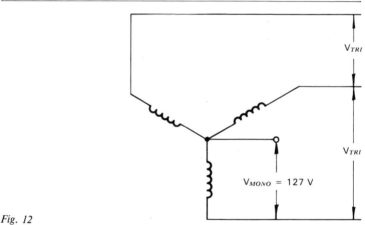

Fig. 12

Connaissant la tension existant entre un fil quelconque de phase et le *fil de neutre,* il vous suffit d'appliquer directement la formule pour trouver la tension existant entre deux fils quelconques de phase:

$$V_{TRI} = V_{MONO} \times 1,732$$
$$= 127 \times 1,732 = 220 \text{ V}$$

rapport d'un transformateur

$$r = \frac{N_p}{N_s} = \frac{V_p}{V_s}$$

N_p : nombre de tours du primaire
N_s : nombre de tours du secondaire
V_p : tension au primaire (**V**)
V_s : tension au secondaire (**V**)

Un *transformateur* est un organe capable d'élever ou d'abaisser la valeur d'une tension alternative. Constitué de deux enroulements de fil bobinés sur un même *noyau magnétique*, il délivre à son *enroulement secondaire* une tension qui est fonction de la tension appliquée à son *enroulement primaire* et du rapport du nombre de tours de ses deux enroulements.

Ce *rapport de transformation* s'exprime par l'expression simplifiée du rapport des nombres de tours de fil de l'enroulement primaire et de l'enroulement secondaire. Ainsi, un transformateur ayant un enroulement primaire constitué par 200 tours de fil et un enroulement secondaire de 5 tours a un rapport de transformation de 200 : 5, soit 40 : 1.

La formule montre que la tension alternative qui apparaît au secondaire est inversement proportionnelle au rapport de transformation. Dans l'exemple qui est le nôtre, toute tension appliquée au *primaire* du transformateur de rapport 40 : 1 ressort au *secondaire* abaissée dans le rapport 1 : 40. Il s'agit dans ce cas d'une utilisation du transformateur en *abaisseur de tension*. Utilisé dans l'autre sens, le transformateur fonctionne en *élévateur de tension*.

EXEMPLE 1

Quel est le rapport d'un transformateur qui abaisse le 220 volts du secteur alternatif à une *basse tension* de sécurité de 24 volts ?

Étant donné que le rapport des tensions est égal au rapport du transformateur, vous allez trouver directement ce rapport en appliquant la formule :

$$\frac{N_p}{N_s} = \frac{V_p}{V_s}$$

$$= \frac{220}{24} = \frac{9,2}{1}$$

EXEMPLE 2

Quelle est la tension délivrée par l'enroulement secondaire du transformateur de la figure 13, sachant que l'enroulement primaire constitué de 340 tours de fil est alimenté sous 220 volts et que l'enroulement secondaire possède 20 tours?

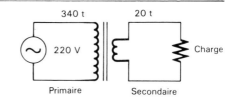

Fig. 13

Calculez d'abord le rapport de transformation en appliquant la formule:

$$\frac{N_p}{N_s} = \frac{V_p}{V_s}$$

$$= \frac{340}{20} = \frac{17}{1}$$

Transformez ensuite cette formule de façon à faire apparaître la tension secondaire recherchée:

$$V_s = V_p \times \frac{1}{17} = 220 \times \frac{1}{17} = 13 \text{ V}$$

puissance
d'un transformateur

$$\frac{V_p}{V_s} = \frac{I_s}{I_p}$$

V_p :   tension au primaire en volts **(V)**
V_s :   tension au secondaire en volts **(V)**
I_s :   courant au secondaire en ampères **(A)**
I_p :   courant au primaire en ampères **(A)**

La plupart des transformateurs construits autour d'un noyau de *tôles de fer* ont un *rendement* de fonctionnement atteignant 95 %. Cela revient à dire que la puissance délivrée au secondaire est quasi identique (à 5 % près) à la puissance absorbée au primaire. Étant donné que la puissance est égale au produit de la tension par le courant, si l'un des deux augmente, l'autre diminue en proportions identiques. En d'autres termes, puisque la puissance au primaire est égale à la puissance au secondaire, vous pouvez écrire :

$$P_p = P_s = V_p \times I_p = V_s \times I_s$$

ce qui donne :

$$\frac{V_p}{V_s} = \frac{I_s}{I_p}$$

En dehors de ces considérations mathématiques, il est important que vous gardiez à l'esprit que si un transformateur est élévateur de tension, il est en même temps *abaisseur de courant* et réciproquement. Cette particularité explique pourquoi l'*enroulement à haute tension* est bobiné avec du fil plus fin que *l'enroulement à basse tension*.

EXEMPLE 1

Déterminez le courant circulant au primaire du transformateur de la figure 14.

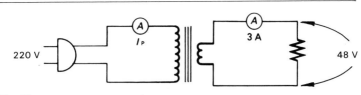

Fig. 14

90

Vous allez pouvoir déterminer le courant circulant dans le primaire du transformateur à partir de la formule :

$$\frac{V_p}{V_s} = \frac{I_s}{I_p}$$

ce qui donne après transformation :

$$I_p = I_s \times \frac{V_s}{V_p}$$

$$= 3 \times \frac{48}{220} = 0,65 \text{ A}$$

Vous pouvez faire la preuve de votre calcul en vérifiant les puissances au primaire et au secondaire :

$P_p = V_p \times I_p$ $P_s = V_s \times I_s$

    $= 220 \times 0,65$ $= 48 \times 3$

    $= 144 \text{ W}$ $= 144 \text{ W}$

EXEMPLE 2

Quelle est la tension apparaissant au secondaire de la figure 15 ?

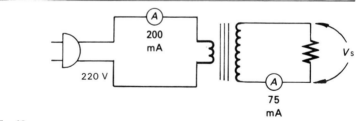

Fig. 15

De la même façon, vous allez pouvoir déterminer la tension apparaissant au secondaire à partir de la formule :

$$\frac{V_p}{V_s} = \frac{I_s}{I_p}$$

ce qui donne après transformation :

$$V_s = V_p \times \frac{I_p}{I_s}$$

$$= 220 \times \frac{0,2}{0,075} = 586,6 \text{ V}$$

réactance inductive

$$X_L = L \times 2\pi f$$

X_L:	réactance en ohms (Ω)
L:	inductance en henrys (**H**)
2π:	coefficient égal à 6,28
f:	fréquence en hertz (**Hz**)

Contrairement à la résistance qui possède une valeur constante quelle que soit la fréquence du courant alternatif qui la traverse, l'inductance possède une *réactance* qui augmente proportionnellement avec la fréquence du courant.

A partir de la formule, il apparaît que la réactance de l'inductance est proportionnelle à la valeur de la fréquence ou de l'inductance. Ainsi, une inductance de 16 millihenrys alimentée successivement avec trois signaux à 5, 10 et 15 kilohertz voit sa réactance passer à 500, 1 000 et 1 500 ohms. Mais il est important de noter que la valeur de l'inductance, qui s'exprime en henrys, est, elle, une constante indépendante de la fréquence.

EXEMPLE 1

Déterminez la réactance de l'inductance de la figure 16.

50 Hz   4 H

Fig. 16

Vous allez obtenir directement la réactance recherchée en appliquant la formule:

$$X_L = L \times 2\pi f$$
$$= 4 \times 6,28 \times 50 = 1\ 256,6\ \Omega$$

EXEMPLE 2

Une source alternative de 220 volts peut fonctionner à 50 ou à 400 hertz. Pour laquelle de ces deux fréquences la lampe de la figure 17 sera-t-elle la plus brillante?

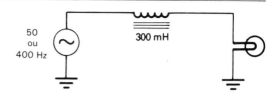

Fig. 17

Calculez en premier lieu la valeur de la réactance de l'inductance à 50 puis à 400 hertz à partir de la formule :

50 hertz

$$X_L = L \times 2\pi f$$
$$= 0,3 \times 6,28 \times 50$$
$$= 94,2 \ \Omega$$

400 hertz

$$X_L = L \times 2\pi f$$
$$= 0,3 \times 6,28 \times 400$$
$$= 753 \ \Omega$$

L'inductance présente une réactance moins forte à 50 hertz, le courant sera plus important et c'est donc pour cette fréquence que la lampe sera la plus brillante.

coefficient de qualité

$$Q = \frac{X_L}{R}$$

Q : coefficient de qualité
X_L : réactance inductive (Ω)
R : résistance en continu de l'inductance (Ω)

Toute inductance possède un *coefficient de qualité* qui, comme son nom l'indique, permet de connaître à l'avance sa «qualité». Cette dernière dépend fortement de la *résistance en continu* du fil constituant le *bobinage*.

En fait, la résistance en continu d'une inductance vient masquer en quelque sorte la *réactance inductive* de celle-ci. Cet effet est d'autant plus marqué que la résistance en continu est élevée, ce qui va se traduire, si vous utilisez cette inductance pour fabriquer un *filtre* par exemple, par une molesse anormale du *filtrage*.

Par contre, une inductance bobinée avec du gros fil sur un noyau magnétique à haute perméabilité va posséder un excellent coefficient de qualité et va vous permettre de réaliser d'excellents filtres. Comme ordre de grandeur, vous pouvez considérer que toute inductance dont le coefficient de qualité est inférieur à 10 est une inductance de qualité médiocre.

La fréquence influence également la valeur du coefficient de qualité, car si vous augmentez la fréquence du signal alternatif qui traverse l'inductance, vous augmentez uniquement sa réactance inductive et, par là même, vous augmentez son coefficient de qualité. Ainsi, une inductance très médiocre à des *fréquences basses* peut être très intéressante à des *fréquences* plus *élevées*.

EXEMPLE 1

Calculez le coefficient de qualité d'une inductance de 5 millihenrys à 15 kilohertz sachant que sa résistance en continu mesurée à l'*ohmètre* est de 47 ohms.

Appliquez directement la formule :

$$Q = \frac{X_L}{R} = \frac{L \times 2\pi f}{R}$$

$$= \frac{5 \times 10^{-3} \times 6{,}28 \times 15 \times 10^3}{47} = 10$$

94

EXEMPLE 2

Recalculez le coefficient de qualité de l'inductance de l'exemple précédent à la fréquence de 100 kilohertz.

$$Q = \frac{X_L}{R} = \frac{L \times 2\pi f}{R}$$

$$= \frac{5 \times 10^{-3} \times 6{,}28 \times 10^5}{47} = 66{,}8$$

Notez que le coefficient de qualité est nettement meilleur à 100 kilohertz qu'à 15 kilohertz.

réactance capacitive

$$X_c = \frac{1}{C \times 2\pi f}$$

X_c : réactance capacitive en ohms (Ω)
C : capacité en farads (**F**)
2π : coefficient égal à 6,28
f : fréquence en hertz (**Hz**)

Un condensateur va présenter une *réactance capacitive* dépendant de la valeur de la fréquence du signal alternatif qui le traverse, à la manière d'une inductance. Mais, dans le cas d'un condensateur, la réactance capacitive diminue avec la fréquence.

Si vous examinez la formule, vous constatez que la réactance capacitive d'un condensateur varie en sens inverse de la fréquence du signal qui le traverse ou de la valeur du condensateur. C'est ainsi qu'un condensateur de 50 nanofarads présente une réactance de 10 000, 100 et 1 ohm aux fréquences respectives de 300 hertz, 30 kilohertz et 3 mégahertz.

Il devient apparent qu'il est important de connaître la *fréquence maximale* et *minimale* du signal alternatif qui traverse un condensateur, afin de déterminer la valeur de celui-ci de façon à ce que sa réactance capacitive reste dans des limites raisonnables.

EXEMPLE 1

Déterminez la réactance capacitive du condensateur de 10 microfarads de la figure 18, sachant qu'il est parcouru par un signal de 600 hertz de fréquence.

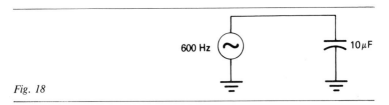

600 Hz   10 µF

Fig. 18

La valeur de la réactance capacitive est fournie directement si vous appliquez la formule :

$$X_c = \frac{1}{C \times 2\pi f}$$

$$= \frac{1}{10^{-5} \times 6,28 \times 6 \times 10^2} = 26,5 \ \Omega$$

96

EXEMPLE 2

Recalculez la valeur de la réactance capacitive du condensateur de l'exemple précédent lorsqu'il est parcouru par un signal alternatif de 50 hertz de fréquence (voir figure 19).

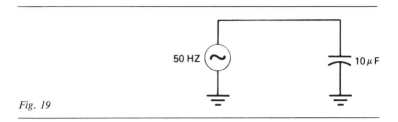

Fig. 19

Comme précédemment, vous allez recalculer la valeur de la réactance capacitive en appliquant la formule :

$$X_c = \frac{1}{C \times 2\pi f}$$

$$= \frac{1}{10^{-5} \times 6{,}28 \times 50} = 318{,}5 \ \Omega$$

Notez que dans ce second exemple, la réactance capacitive du condensateur est plus élevée que dans le premier. Cela est dû, bien entendu, à la fréquence plus basse.

valeur du condensateur d'un filtre RC

$$C = \frac{1}{2\pi f X_c}$$

C:	capacité (**F**)
2π:	coefficient égal à 6,28
f:	fréquence (**Hz**)
X_c:	réactance (Ω)

La présente formule est bien utile lorsque vous désirez trouver la valeur d'un condensateur, connaissant la réactance qu'il doit présenter à une certaine fréquence. Le circuit de la figure 20 en est un excellent exemple d'application.

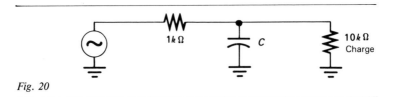

Fig. 20

Le problème se pose en ces termes : quelle doit être la valeur du condensateur C pour que les fréquences supérieures à 5 kilohertz soient court-circuitées à la masse et n'atteignent pas la charge de 10 kilohms ? Il s'agit en fait de déterminer la valeur du condensateur d'un *filtre passe-bas RC* (à résistance et condensateur).
La règle générale consiste à choisir la réactance du condensateur à 5 kilohertz égale à la valeur de la charge et d'appliquer la formule :

$$C = \frac{1}{2\pi f X_c} = \frac{1}{6,28 \times 5 \times 10^3 \times 10^4}$$

$$= 3,2 \times 10^{-9} \text{ F, ou 3,2 nF}$$

Aux fréquences élevées, comme à 50 kilohertz par exemple, la réactance du condensateur sera de 1 000 ohms, valeur suffisamment faible pour court-circuiter la charge de 10 kilohms. Par contre, aux fréquences basses, comme à 500 hertz par exemple, la réactance du condensateur est alors de 100 kilohms, valeur suffisamment élevée pour qu'il soit possible de négliger son action.

EXEMPLE 1

Quelle valeur de condensateur produit une réactance de 700 ohms à 10 kilohertz ?

Appliquez directement la formule:

$$C = \frac{1}{2\pi f X_c}$$

$$= \frac{1}{6,28 \times 10^4 \times 7 \times 10^2}$$

$$= 23 \times 10^{-9} \text{ F, ou 23 nF}$$

EXEMPLE 2

Quelle valeur de condensateur produit une réactance de 20 ohms à 10 kilohertz?

$$C = \frac{1}{2\pi f X_c}$$

$$= \frac{1}{2 \times 3,14 \times 10^4 \times 20}$$

$$= 0,8 \times 10^{-6} \text{ F, ou 0,8 } \mu\text{F, ou 800 nF}$$

Notez l'augmentation importante de la valeur du condensateur permettant de descendre la valeur de la réactance à 20 ohms.

impédance d'une inductance et d'une résistance

$$Z = \sqrt{R^2 + X_L^2}$$

$Z:$ impédance totale (Ω)
$R:$ résistance (Ω)
$X_L:$ réactance inductive (Ω)

Dans un circuit simple composé de résistances, comme celui de la figure 21, il est relativement aisé de déterminer l'*impédance totale* branchée aux bornes du *générateur.* Il n'en est pas de même lorsque ce circuit comprend une inductance et une résistance branchée en série.

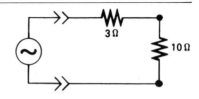

Fig. 21

Un tel *circuit réactif,* c'est-à-dire comportant au moins une inductance, provoque un certain *déphasage* entre le courant et la tension. Ce déphasage entraîne une complication des calculs qui font intervenir le théorème de Pythagore.

C'est ainsi que dans le circuit de la figure 22, composé d'une résistance de 10 ohms et d'une inductance de réactance 20 ohms, l'*impédance* recherchée est égale à l'hypoténuse d'un triangle rectangle dont la résistance et la réactance constituent les deux côtés de l'angle droit. Par application du théorème de Pythagore, vous obtenez:

$$Z = \sqrt{R^2 + X_L^2}$$
$$= \sqrt{10^2 + 20^2} = \sqrt{500} = 22,4 \ \Omega$$

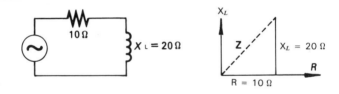

Fig. 22

En d'autres termes, le générateur voit une impédance totale de 22,4 ohms, et non une de 30 ohms, comme un calcul rapide pourrait le laisser croire (20 + 10).

Une telle représentation du circuit est appelée *représentation vectorielle*.

EXEMPLE

Quelle est l'impédance totale du circuit de la figure 23, lorsqu'il est parcouru par un signal de 10 kilohertz de fréquence?

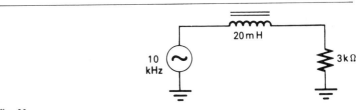

Fig. 23

Déterminez tout d'abord la réactance de l'inductance:

$$X_L = L \times 2\pi f$$
$$= 20 \times 10^{-3} \times 6,28 \times 10^4 = 1\ 256\ \Omega$$

Dessinez ensuite la représentation vectorielle (figure 24).

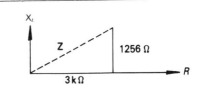

Fig. 24

Cette approche visuelle du problème facilite votre travail. Utilisez alors la formule:

$$Z = \sqrt{R^2 + X_L{}^2}$$
$$= \sqrt{(3 \times 10^3)^2 + (1,256 \times 10^3)^2} = 3\ 252\ \Omega$$

impédance d'un condensateur et d'une résistance

$$Z = \sqrt{R^2 + X_c{}^2}$$

$Z:$ impédance totale (Ω)
$R:$ résistance (Ω)
$X_c:$ réactance capacitive (Ω)

De même que précédemment, un circuit tel que celui de la figure 25, composé d'un condensateur et d'une résistance branchée en série, est un circuit réactif, où le condensateur introduit un déphasage entre le courant et la tension. La seule différence réside dans le sens du déphasage qui est de sens opposé à celui qu'apporte une inductance.

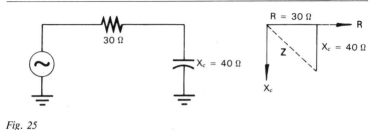

Fig. 25

C'est pourquoi vous allez remarquer que la construction du triangle de Pythagore est inversée, l'axe de la réactance X_c étant dirigé cette fois *vers le bas*. La formule reste par contre la même, l'impédance étant toujours représentée par l'hypoténuse du triangle rectangle, la résistance et la réactance capacitive constituant les deux autres côtés.

Dans l'exemple du circuit de la figure 25, composé d'une résistance de 30 ohms et d'une réactance capacitive de 40 ohms, vous allez trouver comme valeur d'impédance :

$$Z = \sqrt{R^2 + X_c{}^2}$$
$$= \sqrt{30^2 + 40^2} = \sqrt{2\,500} = 50\ \Omega$$

Le générateur voit en fait une impédance totale de 50 ohms et non de 70 ohms comme un calcul rapide pourrait le laisser croire.

EXEMPLE

Quelle est l'impédance totale du circuit de la figure 26, sachant que le condensateur et la résistance sont parcourus par un courant de fréquence 75 kilohertz.

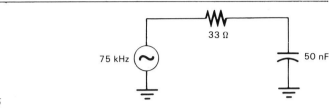

Fig. 26

Déterminez en premier la réactance du condensateur à la fréquence de 75 kilohertz :

$$X_c = \frac{1}{C \times 2\pi f}$$

$$= \frac{1}{50 \times 10^{-9} \times 6{,}28 \times 75 \times 10^3} = 42{,}5\ \Omega$$

Dessinez ensuite le triangle inversé de la figure 27 en y portant la valeur trouvée pour X_c et calculez l'impédance à partir de la formule :

$$Z = \sqrt{R^2 + X_c^2}$$

$$= \sqrt{33^2 + 42{,}5^2} = 53{,}8\ \Omega$$

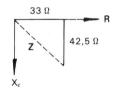

Fig. 27

mesure
d'une impédance inconnue

$$Z = \frac{V}{I}$$

Z:	impédance (Ω)
V:	tension (**V**)
I:	intensité (Ω)

Il peut vous arriver de vouloir déterminer l'impédance d'un organe ou d'un circuit dont la valeur est inconnue ou effacée. Cela peut se produire avec un haut-parleur de récupération dont vous ignorez l'impédance, ou encore avec une inductance de filtrage qui traîne sur une étagère et dont les inscriptions ont disparu depuis bien longtemps.

Une méthode rapide de mesure de l'impédance consiste à alimenter cette dernière avec un signal alternatif et à mesurer le courant qui la traverse, sans tenir compte du déphasage existant entre courant et tension.

La valeur que vous allez obtenir dépendra de la fréquence du signal alternatif que vous allez employer pour la mesure. Il conviendra donc de bien préciser cette fréquence de mesure à côté de la valeur de l'impédance pour que cette mesure ait un sens.

EXEMPLE 1

Déterminez l'impédance du haut-parleur de la figure 28.

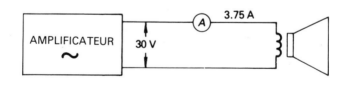

Fig. 28

La mesure de l'impédance de ce haut-parleur est réalisée en alimentant ce dernier par un signal de fréquence égale à 1 000 hertz et de 30 volts de tension délivré par un amplificateur, puis en mesurant le courant qui le traverse.

$$Z = \frac{V}{I} = \frac{30}{3,75} = 8\,\Omega$$

L'impédance du haut-parleur est donc de 8 ohms à 1 000 hertz.

EXEMPLE 2

Quelle est la valeur du courant qui parcourt l'inductance de filtrage de la figure 29?

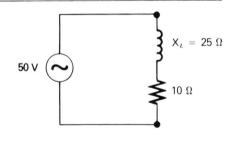

Fig. 29

L'inductance de filtrage étant destinée à éliminer les résidus à 100 hertz provenant d'un circuit redresseur, la mesure va s'effectuer à cette fréquence. Calculons tout d'abord l'impédance du circuit:

$$Z = \sqrt{R^2 + X_L^2}$$
$$= \sqrt{10^2 + 25^2} \approx 27 \ \Omega$$

Après transformation de la formule, on a:

$$I = \frac{V}{Z} = \frac{50}{27} = 1{,}85 \ A$$

puissance active

$$P_{ACT} = R \times \left(\frac{V}{Z}\right)^2$$

P_{ACT}:   puissance active en watts (**W**)
R: résistance en ohms (Ω)
V: tension en volts (**V**)
Z: impédance en ohms (Ω)

La *puissance active* absorbée par un circuit électrique correspond à la *puissance dissipée* dans la résistance de ce circuit. Lorsque vous appliquez par exemple un signal alternatif à une résistance associée en série avec une inductance, il n'y a que la résistance qui dissipe de la puissance (à condition bien sûr que l'inductance soit pure, c'est-à-dire dénuée de toute résistance). Cela se vérifie aisément en mesurant la température de l'inductance qui doit rester froide. Il en est de même si le circuit comprend un condensateur associé en série avec une résistance.

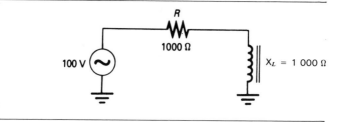

Fig. 30

Si vous calculez la puissance active dissipée par le circuit de la figure 30, vous allez d'abord rechercher la valeur de l'impédance que vous reporterez ensuite dans la formule:

$$Z = \sqrt{R^2 \times X_L{}^2}$$
$$= \sqrt{(10^3)^2 + (10^3)^2} = 1\ 414\ \Omega$$

D'où:

$$P_{ACT} = R \times \left(\frac{V}{Z}\right)^2$$
$$= 1\ 000 \times \left(\frac{100}{1\ 414}\right)^2 = 5\ \text{W}$$

Remarque: on a $\dfrac{V}{Z} = I$; la formule s'écrit donc aussi:

$$P_{ACT} = R \times I^2$$

106

EXEMPLE 1

Calculez la puissance active dissipée par le circuit de la figure 31.

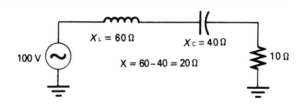

Fig. 31

Déterminez en tout premier lieu l'impédance du circuit. Notez qu'il vous faut *soustraire* les réactances inductive et capacitive de manière à obtenir la réactance résultante :

$$Z = \sqrt{R^2 \times X^2} = \sqrt{10^2 + (60 - 40)^2} = 22,4 \ \Omega$$

Appliquez ensuite cette valeur dans la formule :

$$P_{ACT} = R \times \left(\frac{V}{Z}\right)^2 = 10 \times \left(\frac{100}{22,4}\right)^2 = 200 \ W$$

EXEMPLE 2

Calculez la puissance active dissipée par le circuit de la figure 32.

Fig. 32

Étant donné l'absence d'*éléments réactifs* dans ce circuit, la formule de calcul de la puissance se limite à :

$$P = \frac{V^2}{R} = \frac{100^2}{10} = 10^3 \ W, \text{ ou } 1 \ kW$$

Si vous comparez ce résultat à celui de l'exemple précédent, vous pouvez juger de l'influence des éléments réactifs sur la puissance active dissipée par la résistance.

puissance apparente

$$P_{APP} = \frac{V^2}{Z}$$

P_{APP}:   puissance apparente en volt-ampères (**VA**)

V: tension en volts (**V**)

Z: impédance en ohms (Ω)

Si la puissance active correspond à la puissance dissipée par un circuit plus ou moins réactif, la *puissance apparente* correspond à la puissance que doit effectivement délivrer la source pour alimenter ce circuit. Cette puissance apparente délivrée par la source est toujours plus élevée que la puissance active absorbée par le circuit. Elle se mesure en volt-ampère, afin d'être distinguée de la puissance active, mesurée en watts. Ceci est analysé dans l'exemple de la figure 33 où une source de tension alternative de 100 volts débite dans une inductance et une résistance branchée en série.

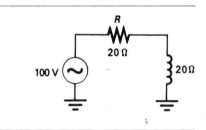

Fig. 33

La puissance apparente débitée par la source est égale à :

$$P_{APP} = \frac{V^2}{Z} = \frac{V^2}{\sqrt{R^2 + X_L^2}} = \frac{10^4}{\sqrt{20^2 + 20^2}} = 350\ \text{VA}$$

La résistance dissipe une puissance active de :

$$P_{ACT} = R\left(\frac{V}{Z}\right)^2 = R \times \frac{V^2}{R^2 + X_L^2}$$

$$= 20 \times \frac{10^4}{20^2 + 20^2} = 250\ \text{W}$$

Vous pouvez constater à la lumière de cet exemple que si le circuit dissipe réellement 250 watts, 350 sont nécessaires à son fonctionnement. Les 100 volt-ampères manquants correspondent à de la puissance perdue dans la réactance et appelée *puissance réactive*.

EXEMPLE

Calculez la puissance apparente consommée par le circuit de la figure 34.

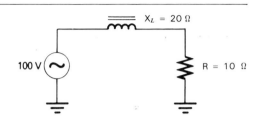

Fig. 34

Déterminez en premier lieu la valeur de l'impédance du circuit en appliquant la formule :

$$Z = \sqrt{R^2 \times X_L{}^2}$$
$$= \sqrt{10^2 + 20^2} = 22,4 \ \Omega$$

Reportez maintenant cette valeur dans la formule de la puissance apparente :

$$P_{APP} = \frac{V^2}{Z}$$
$$= \frac{10^4}{22,4} = 446 \ \text{VA}$$

facteur de puissance

$$\cos \varphi = \frac{P_{ACT}}{P_{APP}}$$

$\cos \varphi$: cosinus de l'angle «phi» de déphasage
P_{ACT} : puissance active en watts (**W**)
P_{APP} : puissance apparente en volt-ampères (**VA**)

Le *facteur de puissance* d'une *installation électrique* définit le rendement de cette installation, c'est-à-dire le rapport entre la puissance active absorbée et la puissance apparente fournie. Ce facteur de puissance a donc une valeur comprise entre 0 et 1 dépendant de la *réactivité* du circuit.

A titre d'exemple, une *lampe à incandescence* est une résistance quasiment pure et son facteur de puissance est voisin de 1. A l'inverse, un *moteur électrique,* qui comprend une forte réactance due à ses enroulements, possède un facteur de puissance voisin de 0,5 et donc nécessite pour son fonctionnement le double de la puissance active qu'il absorbe effectivement.

La connaissance du facteur de puissance d'une installation vous permet de calculer rapidement la puissance active, connaissant la puissance apparente fournie. Ainsi, si une installation électrique possède un facteur de puissance de 0,85 et une puissance apparente de 300 volt-ampères, la puissance active est de :

$$P_{ACT} = P_{APP} \times \cos \varphi = 300 \times 0,85 = 255 \text{ W}$$

EXEMPLE 1

Déterminez si le circuit de la figure 35 dissipe une grande quantité de chaleur dans la résistance de 10 ohms ?

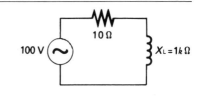

Fig. 35

En premier lieu, calculez le courant dans le circuit :

$$I = \frac{V}{Z} = \frac{100}{\sqrt{10^2 + 10^6}} = 0,1 \text{ A}$$

Calculez ensuite la puissance active dissipée dans la résistance:

$$P_{ACT} = R \times \left(\frac{V}{Z}\right)^2 = R \times I^2$$

ce qui donne:

$$P_{ACT} = 10 \times 0,01 = 0,1 \text{ W}$$

Calculez enfin la puissance apparente consommée par le circuit:

$$P_{APP} = \frac{V^2}{Z} = V \times I$$

ce qui donne:

$$P_{APP} = 100 \times 0,1 = 10 \text{ VA}$$

A la lumière de ces résultats, vous êtes à même de constater que la puissance active ne représente que 1 % de la puissance apparente. Il n'y a donc pratiquement aucune dissipation d'énergie.

EXEMPLE 2

Déterminez le facteur de puissance du circuit de la figure 36.

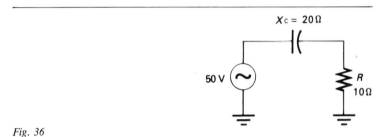

Fig. 36

Pour le calcul du facteur de puissance, il existe une seconde formule plus simple qui se déduit de la formule:

$$\cos \varphi = \frac{P_{ACT}}{P_{APP}}$$

$$\cos \varphi = \frac{R \times \left(\frac{V}{Z}\right)^2}{\frac{V^2}{Z}} = R \times \frac{V^2}{Z^2} \times \frac{Z}{V^2} = \frac{R}{Z}$$

En appliquant cette formule au circuit de la figure 36, vous allez obtenir directement:

$$\cos \varphi = \frac{R}{Z} = \frac{10}{\sqrt{10^2 + 20^2}} = 0,45$$

fréquence de coupure d'un filtre RL

$$f_c = \frac{R}{2\pi L}$$

f_c: fréquence de coupure (**Hz**)
R: résistance (Ω)
2π: coefficient égal à 6,28
L: inductance (**H**)

Lorsque vous injectez différentes fréquences à l'entrée du *circuit résistif* de la figure 37**a**, vous les retrouvez toutes à sa sortie. Il n'en est pas de même avec le pont diviseur de la figure 37**b** comprenant une résistance et une inductance. La réactance de cette dernière augmentant avec la fréquence, seuls les signaux de fréquence élevée seront retrouvés en sortie, les autres étant court-circuités par l'inductance.

Ce circuit n'est rien d'autre qu'un filtre. Plus précisément, il s'agit d'un *filtre passe-haut,* c'est-à-dire un filtre laissant passer les fréquences hautes et bloquant les autres. Si vous inversez la position de l'inductance et de la résistance, vous obtenez un *filtre passe-bas* qui présente les caractéristiques opposées.

La présente formule permet de déterminer la *fréquence de coupure* du filtre passe-haut ou passe-bas, c'est-à-dire la fréquence pour laquelle l'*amplitude* du signal de sortie ne représente plus que 70 % environ de celle du signal d'entrée.

EXEMPLE 1

Calculez la fréquence de coupure du circuit de la figure 38**a**.

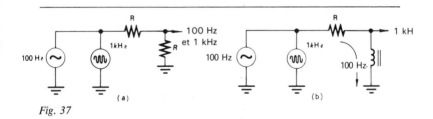

Fig. 37

Appliquez directement la formule :

$$f_c = \frac{R}{2\pi L}$$

$$= \frac{2,2 \times 10^3}{6,28 \times 33 \times 10^{-3}} = 10,6 \times 10^3 \text{ Hz, ou } 10,6 \text{ kHz}$$

Les fréquences inférieures à 10,6 kilohertz sont affaiblies à plus de 70 %, comme vous pouvez le voir sur la figure 38**b**.

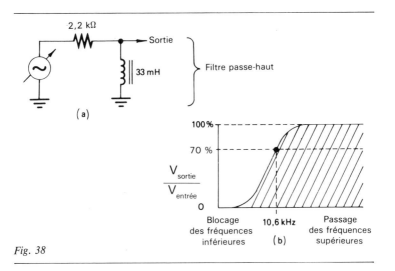

Fig. 38

EXEMPLE 2

Déterminez la valeur de l'inductance pour que le filtre passe-haut de la figure 39 présente une fréquence de coupure de 30 kilohertz.

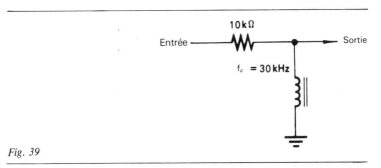

Fig. 39

Vous allez déterminer la valeur de l'inductance à partir de la formule :

$$f_c = \frac{R}{2\pi L}$$

ce qui s'écrit encore :

$$L = \frac{R}{2\pi f_c}$$

$$= \frac{10^4}{6,28 \times 3 \times 10^4} = 53 \times 10^{-3} \, \text{H, ou 53 mH}$$

113

fréquence de coupure d'un filtre RC

$$f_c = \frac{1}{2\pi RC}$$

f_c: fréquence de coupure (**Hz**)
2π: coefficient égal à 6,28
R: résistance (Ω)
C: capacité (**F**)

Plus facile à réaliser que le filtre précédent, le filtre *RC* à résistance et condensateur possède les mêmes propriétés. Si vous vous reportez au circuit de la figure 40**b**, qui est un filtre passe-bas, vous allez constater une inversion des composants par rapport au filtre RL. Ceci provient de ce que le condensateur du diviseur de tension voit sa réactance diminuer et non augmenter lorsque la fréquence croît, court-circuitant ainsi les fréquences élevées.

La fréquence de coupure est également déterminée comme étant la fréquence pour laquelle l'amplitude du signal de sortie ne représente plus que 70 % environ de l'amplitude initiale.

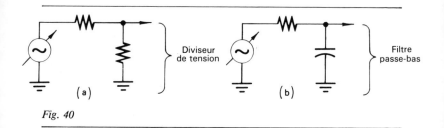

Fig. 40

EXERCICE 1

Déterminez la fréquence de coupure du filtre passe-bas de la figure 41**a**.

La fréquence de coupure vous est fournie directement par la formule :

$$f_C = \frac{1}{2\pi RC}$$

$$= \frac{1}{6,28 \times 10^4 \times 2,2 \times 10^{-10}} = 72,3 \times 10^3 \text{ Hz, ou } 72,3 \text{ kHz}$$

Le graphique de la figure 41**b** correspond à la *courbe de réponse* de ce filtre passe-bas.

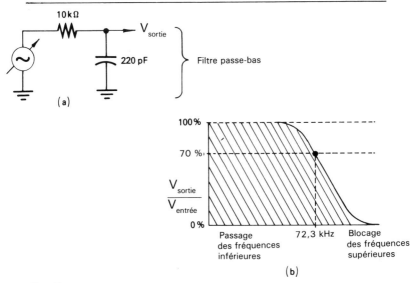

Fig. 41

EXERCICE 2

Déterminez la fréquence de coupure du filtre passe-haut de la figure 42**a**.

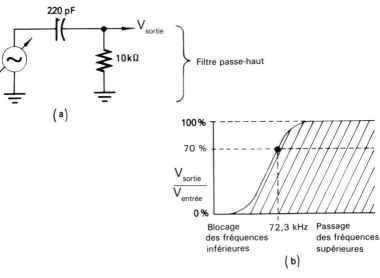

Fig. 42

La fréquence de coupure vous est fournie directement par la même formule applicable qu'il s'agisse d'un filtre passe-bas ou passe-haut :

$$f_C = \frac{1}{2\pi RC}$$

$$= \frac{1}{6,28 \times 10^4 \times 2,2 \times 10^{-10}} = 72,3 \times 10^3 \text{ Hz, ou } 72,3 \text{ kHz}$$

Le graphique de la figure 42**b** correspond à la *courbe de réponse* de ce filtre passe-haut.

fréquence de résonance d'un circuit oscillant

$$f_O = \frac{1}{2\pi\sqrt{LC}}$$

f_O : fréquence de résonance (**Hz**)
2π : coefficient égal à 6,28
L : inductance (**H**)
C : capacité (**F**)

Un *circuit oscillant série* est constitué d'une inductance en série avec un condensateur. La réactance de l'inductance est de signe opposé à celle du condensateur. Pour une certaine fréquence, ces deux réactances ont même valeur, mais de signe opposé, ce qui se traduit par une réactance nulle du circuit. Le courant n'est alors limité que par la résistance, l'effet de l'inductance et du condensateur s'annulant mutuellement, et devient maximal.

Vous allez trouver un phénomène équivalent dans le *circuit oscillant parallèle* où, à la résonance, le courant ne peut traverser que la résistance, mais ici parce que l'impédance équivalente de l'inductance et du condensateur devient infini. Aussi le courant est-il minimal à la résonance, alors qu'il était maximal dans le circuit oscillant série. Si la résistance du circuit oscillant parallèle est absente (résistance infinie), ce dernier bloque alors le passage du courant à la *fréquence de résonance*.

Dans les deux cas, on dit aussi que le circuit oscillant est « accordé sur la fréquence f_O ».

EXEMPLE 1

Déterminez la fréquence de résonance et la valeur du courant à la résonance du circuit oscillant série de la figure 43.

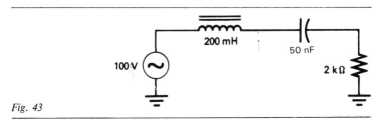

Fig. 43

Trouvez en premier lieu la valeur de la fréquence de résonance en vous servant de la formule :

$$f_O = \frac{1}{2\pi\sqrt{LC}} = \frac{1}{6{,}28\sqrt{0{,}2 \times 50 \times 10^{-9}}} = 1\ 592\ \text{Hz}$$

117

L'impédance à la fréquence de résonance n'est plus constituée que par la résistance de 2 kilohms puisque les réactances de l'inductance et du condensateur s'annulent mutuellement. Le courant à la résonance est alors de :

$$I_O = \frac{V}{R}$$

$$= \frac{100}{2 \times 10^{-3}} = 50 \times 10^{-3}\,\text{A, ou 50 mA}$$

EXEMPLE 2

Sur le circuit oscillant parallèle de la figure 44, déterminez la valeur de la fréquence et du *courant de résonance*.

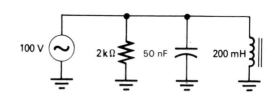

Fig. 44

Les *composants* ayant la même valeur que dans l'exemple précédent, les résultats seront identiques, à savoir :

$$f_O = 1\,592\,\text{Hz} \qquad \text{et} \qquad I_O = 50\,\text{mA}$$

La seule différence réside dans le fait que la valeur du courant passe par un minimum de 50 milliampères à la résonance du *circuit parallèle,* alors que cette valeur correspondait à un maximum pour le *circuit série.*

118

largeur de bande d'un filtre

$$\Delta f = \frac{f_O}{Q}$$

Δf: largeur de bande en hertz (**Hz**)
f_O: fréquence de résonance en hertz (**Hz**)
Q: coefficient de qualité

La *largeur de bande* d'un *filtre passe-bande* correspond à la *bande de fréquences* comprise entre une *fréquence inférieure* et une *fréquence supérieure* de coupure. Le circuit de la figure 45 est un exemple de filtre passe-bande centré sur la fréquence de 1 000 hertz et possédant une largeur de bande de 20 hertz. Cette largeur de bande est également répartie de part et d'autre de la fréquence de résonance, soit 10 hertz au-dessus et 10 hertz au-dessous. Les deux fréquences de coupure pour lesquelles l'énergie ne représente plus que les 70 % de l'énergie à la fréquence de résonance, sont donc 990 hertz et 1 010 hertz.

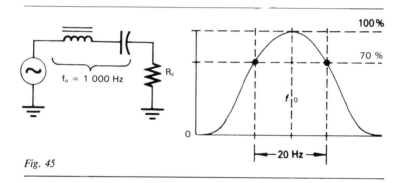

Fig. 45

La fréquence de résonance et le coefficient de qualité sont les deux éléments qui influencent la valeur de la bande passante d'un filtre. Plus la fréquence de résonance est élevée et plus la largeur de bande correspondante est large. Par contre, le coefficient de qualité présente l'effet inverse, c'est-à-dire que la largeur de bande est d'autant plus réduite que le coefficient est élevé.

EXEMPLE

Déterminez la fréquence de résonance du *circuit résonant* série de la figure 46.

119

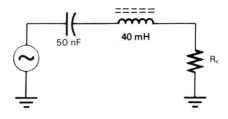

Fig. 46

Pour déterminer la fréquence de résonance de ce circuit résonant série, il vous suffit d'appliquer directement la formule :

$$f_O = \frac{1}{2\pi \sqrt{LC}}$$

$$= \frac{1}{6,28 \times \sqrt{40 \times 10^{-3} \times 50 \times 10^{-9}}} = 3\ 560\ \text{Hz}$$

Sachant que le coefficient de qualité du circuit est de 54, déterminez la valeur de la largeur de bande de ce filtre.

Vous allez calculer directement la largeur de bande en appliquant la formule :

$$\Delta f = \frac{f_O}{Q}$$

$$= \frac{3\ 560}{54} = 66\ \text{Hz}$$

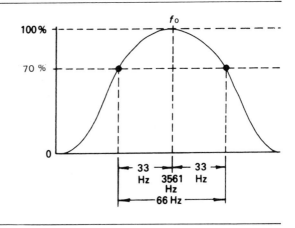

Fig. 47

En consultant la figure 47, vous pouvez constater que cette largeur de bande se répartie équitablement autour de la fréquence de résonance du filtre.

120

adaptation d'impédance avec un transformateur

$$r = \sqrt{\dfrac{Z_p}{Z_s}}$$

$r:$ rapport de transformation

$Z_p:$ impédance du primaire (Ω)

$Z_s:$ impédance du secondaire (Ω)

Un *étage électronique* transfert un maximum d'énergie à un autre étage lorsque l'*impédance d'entrée* du second étage est égale à l'*impédance de sortie* du premier. Cette condition n'est pas toujours directement réalisable, c'est pourquoi il est parfois nécessaire de rajouter entre les deux étages un *transformateur d'adaptation d'impédance*.

La formule indique que le rapport entre les *impédances primaire* et *secondaire* est égal au carré du rapport du transformateur. Ainsi, si vous branchez au primaire d'un transformateur de rapport 1 : 10 un *microphone* de 200 ohms d'impédance, ce microphone apparaît au secondaire comme s'il avait une impédance de :

$$Z_s = Z_p \times \frac{1}{r^2}$$
$$= 200 \times 10^2 = 20 \times 10^{-3}\ \Omega,\ \textbf{ou 20 k}\Omega$$

Il est alors plus facile de brancher le secondaire du transformateur sur un *préamplificateur* ayant une impédance d'entrée de 20 kilohms.

EXEMPLE 1

Déterminez le rapport du transformateur d'adaptation d'impédance du circuit de la figure 48.

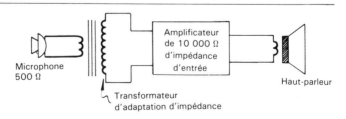

Microphone 500 Ω

Amplificateur de 10 000 Ω d'impédance d'entrée

Haut-parleur

Transformateur d'adaptation d'impédance

Fig. 48

Vous allez pouvoir calculer directement le rapport du transformateur d'adaptation d'impédance à partir de la formule :

$$r = \sqrt{\frac{Z_p}{Z_s}}$$

$$= \sqrt{\frac{500}{10\ 000}} = \frac{1}{4,5}$$

Le *transformateur de microphone* doit avoir un rapport de 1 : 4,5.

EXEMPLE 2

Déterminez le rapport du transformateur de la figure 49 permettant d'adapter l'impédance de la *ligne de distribution* à celle du *haut-parleur*.

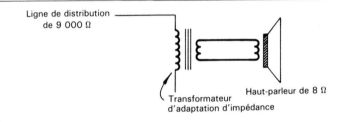

Fig. 49

Comme précédemment, vous allez obtenir directement le rapport à partir de la formule :

$$r = \sqrt{\frac{Z_p}{Z_s}}$$

$$= \sqrt{\frac{9\ 000}{8}} = \frac{33,5}{1}$$

Le *transformateur du haut-parleur* doit avoir un rapport de 33,5 : 1 pour permettre un transfert maximum d'énergie.

3

les formules des circuits électroniques

Ce troisième chapitre aborde les formules des circuits électroniques, c'est-à-dire des circuits comprenant des composants actifs tel que diodes, transistors bipolaires ou à effet de champ, amplificateurs opérationnels et circuits intégrés. Les différentes formules traitées vont vous permettre de déterminer :

chute de tension directe dans une diode

$$V_U = V_S - V_D$$

V_U: tension d'utilisation (**V**)
V_S: tension d'alimentation (**V**)
V_D: chute de tension dans la diode (**V**)

Une *diode à jonction* fonctionne comme un *interrupteur unidirectionnel,* c'est-à-dire qu'elle ne laisse passer le courant que dans un seul sens. Par rapport à un interrupteur classique, une diode à jonction possède un *effet de seuil* qui l'empêche d'être passante pour les faibles tensions (inférieures à 0,7 volt pour une diode au silicium et à 0,3 volt pour une diode au germanium).

Cet effet de seuil se traduit par une *chute de tension* aux bornes de la diode lorsqu'elle est passante, chute de *tension directe* dont la valeur est constante et indépendante du courant qui traverse la diode. Suivant la technologie de celle-ci, la chute de tension est égale à 0,7 volt pour une diode au silicium ou à 0,3 volt pour une diode au germanium.

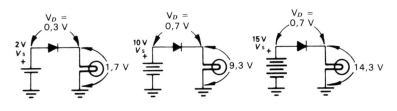

Fig. 1

Une diode branchée en série entre une source de tension continue et une charge va se comporter comme un simple interrupteur qui provoquerait une chute de tension constante (voir figure 1). En ce qui concerne le sens du courant à travers la diode, il est indiqué par la flèche du symbole de cette dernière.

EXEMPLE 1

Déterminez la valeur de la *tension d'alimentation* du circuit de la figure 2.

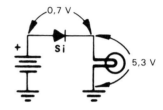

Fig. 2

La diode étant branchée dans le sens passant, la chute de tension à ses bornes est de 0,7 volt. Comme la *tension d'utilisation* est de 5,3 volts, vous allez pouvoir calculer la tension d'alimentation à partir de la formule:

$$V_U = V_S - V_D$$

ce qui donne après transformation:

$$V_S = V_U + V_D$$
$$= 5,3 + 0,7 = 6 \text{ V}$$

EXEMPLE 2

Quel est le courant traversant la résistance de 50 ohms du circuit de la figure 3?

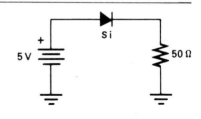

Fig. 3

Déterminez la tension d'utilisation à partir de la formule:

$$V_U = V_S - V_D$$
$$= 5 - 0,7 = 4,3 \text{ V}$$

Le courant dans la charge de 50 ohms est alors égal à:

$$I = \frac{V_U}{R}$$

ce qui donne:

$$= \frac{4,3}{50} = 86 \times 10^{-3} \text{ A, ou 86 mA}$$

polarisation en inverse d'une diode

$$V_S = V_I + V_D$$

V_S: tension de seuil (**V**)
V_I: tension inverse (**V**)
V_D: chute de tension dans la diode (**V**)

Les diodes, qu'elles soient au silicium ou au germanium, sont généralement utilisées de deux façons: en direct ou en inverse. Le cas qui nous intéresse ici est le fonctionnement en *polarisation inverse*.

Qu'est-ce que la polarisation inverse d'une diode? Il s'agit essentiellement d'une *méthode de polarisation* qui augmente la *tension de seuil* à partir de laquelle une diode commence à conduire. Dans l'exemple de la figure 4, vous avez trois exemples de polarisation en inverse d'une diode. Dans le premier, la *tension de polarisation* de 6 volts porte le *seuil de conduction* de la diode à 6,7 volts, ce qui se traduit par un signal nul à la sortie pour un *signal d'entrée* de 5 volts. Dans le deuxième exemple, la tension de polarisation inverse est de 3 volts, ce qui porte la tension de seuil à 3,7 volts et l'amplitude du signal de sortie à 1,3 volt. Quant au troisième exemple, la tension inverse est de 1 volt, la tension de seuil de 1,7 volt et l'amplitude du *signal de sortie* de 3,3 volts.

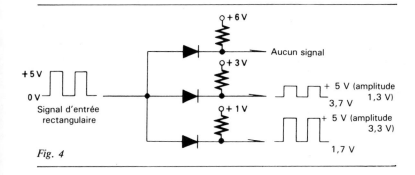

Fig. 4

EXEMPLE

Quelle doit être l'amplitude minimale des *impulsions* délivrées par l'*oscillateur* de la figure 5 pour que la diode devienne conductrice?

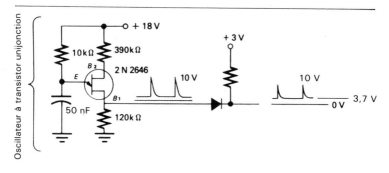

Fig. 5

L'amplitude minimale du signal d'entrée vous est fournie par la formule :

$$V_S = V_I + V_D$$
$$= 3 + 0,7 = 3,7 \text{ V}$$

Vous noterez que cet effet de seuil de 3,7 volts a pour but de « nettoyer » la forme des impulsions qui sont un peu trop arrondies vers le bas, en rabotant en quelque sorte 3,7 volts de leur amplitude de 10 volts.

Quelle est l'amplitude des impulsions après qu'elles aient traversées la diode polarisée en inverse ?
L'amplitude des impulsions en sortie de la diode vous est fournie par la formule suivante :

$$V_{sortie} = V_{entrée} - V_S$$
$$= 10 - 3,7 = 6,3 \text{ V}$$

Cette amplitude de 6,3 volts des *impulsions de sortie* est donc comprise entre la tension maximale de 10 volts et la tension de seuil de 3,7 volts.

résistance de zener, alimentation à courant fixe

$$R_Z = \frac{V_E - V_Z}{I_U + I_Z}$$

R_Z:	résistance en série avec la zener (Ω)
V_E:	tension d'entrée (**V**)
V_Z:	tension de zener (**V**)
I_U:	courant d'utilisation (**A**)
I_Z:	courant dans la zener (**A**)

L'utilisation première d'une *diode zener* est de fournir une tension d'alimentation stable à une utilisation. En l'absence de diode zener, la tension d'alimentation peut varier en plus ou en moins suivant les variations de tension de la source de tension et les variations du *courant d'utilisation*.

Cette première formule se rapporte au circuit dans lequel la diode zener et la *résistance de zener* corrigent les variations de *tension de source;* en contre-partie, le courant dans l'utilisation aura une valeur fixe. C'est cette valeur du courant d'utilisation que vous reporterez dans la formule.

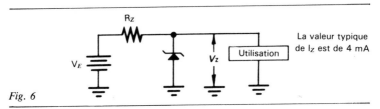

Fig. 6

La valeur typique de I_Z est de 4 mA

Un *circuit* classique *de régulation* par diode zener est indiqué à la figure 6. Pour que le zener puisse fonctionner correctement en *régulation,* il faut y maintenir un courant qui ne doit jamais être inférieur à 4 milliampères.

EXEMPLE 1

Déterminez la valeur de la résistance de zener du circuit de la figure 7, sachant que la diode zener est un modèle 15 volts qui nécessite un *courant d'entretien* d'au moins 4 milliampères.

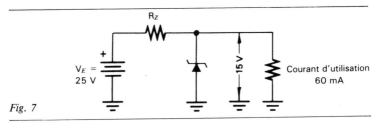

Fig. 7

128

La valeur de la résistance de zener vous est fournie directement par application de la formule :

$$R_Z = \frac{V_E - V_Z}{I_U + I_Z}$$

$$= \frac{25 - 15}{60 + 4} = 156 \ \Omega$$

EXEMPLE 2

Sachant que la tension de source du circuit précédent peut varier entre 21,5 et 25 volts, calculez la nouvelle valeur de la résistance de zener pour que le courant dans la zener soit toujours supérieur à 4 milliampères.

Dans ce cas, il faut que vous calculiez la résistance de zener pour la *tension de source* la plus basse, en vous servant de la formule :

$$R_Z = \frac{V_E - V_Z}{I_U + I_Z}$$

$$= \frac{21,5 - 15}{60 + 4} = 100 \ \Omega$$

Avec cette nouvelle valeur de résistance, le courant dans la zener sera de 40 milliampères si la tension de source remonte à 25 volts.

résistance de zener, alimentation à courant variable

$$R_Z = \frac{V_E - V_Z}{0,5 \times I_{Zmax}}$$

R_Z : résistance de zener (Ω)
V_E : tension d'entrée (**V**)
V_Z : tension de zener (**V**)
I_{Zmax} : courant maximal dans la zener (**A**)

Cette formule correspond au second cas de régulation par diode zener ; la diode zener et la résistance de zener vont ici maintenir une tension fixe aux bornes de l'utilisation, malgré une variation importante du courant d'utilisation. Du point de vue fonctionnement, il est possible de considérer l'ensemble diode zener et résistance d'utilisation comme une paire d'éléments consommant un *courant constant :* toute baisse du courant dans l'utilisation se traduit aussitôt par une augmentation correspondante du courant dans la zener. Le courant minimal dans la zener étant de 4 mA, on a la relation :

$$I_{Umax} + 0,004 = I_{Zmax}$$

le courant maximal dans la zener correspondant au cas où l'utilisation est débranchée ($I_U = 0$).

Les diodes zener ayant des puissances de 0,4 ou 1 watt selon les modèles, il convient de respecter une *marge de sécurité* de 50 % dans la *limite de* la *puissance* qu'elles doivent dissiper. C'est la raison d'être du coefficient 0,5 de la formule qui limite ainsi le courant dans la zener à la moitié de ce qu'elle est censée pouvoir supporter.

EXEMPLE 1

Déterminez le courant maximal dans la zener du circuit de la figure 8, sachant que la diode zener est un modèle 6 V, 500 mW.

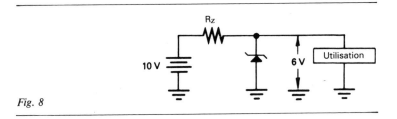

Fig. 8

La puissance maximale que peut dissiper la zener correspond à la formule :

$$P_Z = V_Z I_{Zmax},$$

qui donne après transformation :

$$I_{Zmax} = \frac{P_Z}{V_Z} = \frac{0{,}5}{6} = 0{,}083 \text{ A, ou } 83 \text{ mA}$$

Le rôle de la résistance de zener sera de limiter ce courant à la moitié de sa valeur.

EXEMPLE 2

Une diode zener de 9 volts, 1 watt est utilisée dans le circuit de la figure 9. Déterminez la valeur minimale que peut prendre la résistance de zener. A quel courant d'utilisation maximal cela correspond-il ?

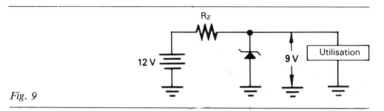

Fig. 9

Déterminez en tout premier lieu la valeur du courant maximal à travers la zener :

$$I_{Zmax} = \frac{P_Z}{V_Z} = \frac{1}{9} = 0{,}111 \text{ A, ou } 111 \text{ mA}$$

Reportez ensuite cette valeur dans la formule :

$$R_Z = \frac{V_E - V_Z}{0{,}5 \times I_{Zmax}}$$

$$= \frac{12 - 9}{0{,}5 \times 0{,}111} = 54 \ \Omega$$

Le courant dans l'ensemble diode zener et charge consomme un courant constant et le courant maximal dans la zener a été limité à la moitié de sa valeur. On a donc la relation :

$$I_{Umax} + 0{,}004 = \frac{I_{Zmax}}{2}$$

ce qui donne après transformation :

$$I_{Umax} = \frac{I_{Zmax}}{2} - 0{,}004 = \frac{0{,}111}{2} - 0{,}004 = 0{,}051 \text{ A}$$

Cette alimentation est donc capable d'alimenter sous 9 volts une utilisation dont le courant varie entre 0 et 51 milliampères.

facteur d'ondulation d'une alimentation

$$\eta = \frac{V_O}{V_C} \times 100$$

η : facteur d'ondulation en pourcentage
V_O : tension efficace d'ondulation (**V**)
V_C : tension continue (**V**)

Une *alimentation secteur,* telle que celle de la figure 10, fournit en sortie une tension continue sur laquelle vient se superposer une *tension d'ondulation* provenant d'un filtrage imparfait du signal alternatif redressé.

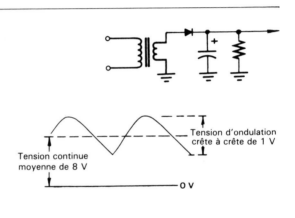

Tension d'ondulation crête à crête de 1 V

Tension continue moyenne de 8 V

0 V

Fig. 10

La valeur de cette tension d'ondulation peut être gênante pour certains appareils qui acceptent mal des variations de tension d'alimentation. Si vous prenez l'exemple d'un *amplificateur à grand gain,* une trop grande tension d'ondulation de la tension d'alimentation se traduit par l'apparition d'un *ronflement* indésirable.

Pour évaluer la valeur relative de la tension d'ondulation par rapport à la tension continue, il suffit d'effectuer le rapport de ces deux tensions et de multiplier le résultat par 100 pour obtenir le *facteur d'ondulation* η («êta»). A cet égard, l'exemple de la figure 10 vous montre qu'une tension d'ondulation de 1 volt crête-à-crête sera bien plus gênante lorsqu'elle est superposée à une tension continue de 8 volts que lorsqu'elle est superposée à une tension de 80 volts. Dans le premier cas, le facteur d'ondulation est de 4,5 % alors qu'il n'est que de 0,45 % dans le second cas.

EXEMPLE

Déterminez le facteur d'ondulation de l'alimentation de la figure 11.

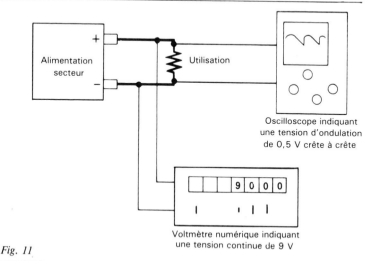

Fig. 11

Calculez en premier lieu la valeur efficace de la tension d'ondulation :

$$V_O = \frac{V_{crête\ à\ crête}}{2} \times 0,707$$

$$= \frac{0,5}{2} \times 0,707 = 0,177\ V$$

Calculez ensuite le facteur d'ondulation en appliquant la formule :

$$\eta = \frac{V_O}{V_C} \times 100 = \frac{0,176}{9} \times 100 = 2\ \%$$

Comme ordre de grandeur, noter qu'une alimentation qui possède un facteur d'ondulation de 1 % est une bonne alimentation.

condensateur de filtrage d'une alimentation

$$C = \frac{I \times T}{V}$$

$C:$ condensateur de filtrage (**F**)
$I:$ courant dans l'utilisation (**A**)
$T:$ période d'ondulation (**s**)
$V:$ tension crête à crête d'ondulation (**V**)

La tension d'ondulation d'une alimentation secteur dépend en tout premier lieu de la valeur du *condensateur de filtrage* placé en sortie du *pont redresseur.* Ce condensateur a pour rôle de lisser les sommets des *demi-sinusoïdes* redressées. Plus sa valeur sera grande et plus son effet de *réservoir tampon* se fera sentir en diminuant la valeur de la tension d'ondulation.

Le calcul de la valeur du condensateur de filtrage dépend donc de la valeur de la tension d'ondulation que vous vous êtes fixée pour l'alimentation, du courant qu'elle débite dans la résistance d'utilisation et du temps qui sépare deux demi-alternances consécutives. A ce propos, suivant qu'il s'agit d'un *redressement monoalternance* ou double alternance de la *fréquence secteur* à 50 hertz, vous prendrez pour *T* les valeurs respectives de 20 ou de 10 millisecondes.

EXEMPLE 1

Déterminez la valeur du condensateur de filtrage de l'alimentation de la figure 12, sachant qu'elle doit fournir un courant de 200 milliampères sous une tension de 10 volts et un facteur d'ondulation de 3 %.

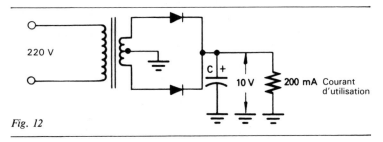

Fig. 12

Recherchez en tout premier lieu la valeur de la tension efficace d'ondulation. On a la formule :

$$\eta = \frac{V_O}{V_C} \times 100$$

134

qui devient après transformation:

$$V_O = V_C \times \frac{\eta}{100} = 10 \times \frac{3}{100} = 0,30 \text{ V}$$

Calculez ensuite la *tension crête à crête* d'ondulation:

$$V_{crête\,à\,crête} = 2 \times V_O \times \frac{1}{0,707}$$

$$= 2 \times 0,30 \times 1,414$$

$$= 0,85 \text{ V}$$

Terminez le calcul de la valeur du condensateur de filtrage en appliquant la formule (redressement double alternance):

$$C = \frac{I \times T}{V}$$

$$= \frac{0,2 \times 10^{-2}}{0,85} = 2,35 \times 10^{-3} \text{ F, ou 2 350 } \mu\text{F}$$

La valeur commerciale la plus proche est 2 200 μF.

EXEMPLE 2

Calculez la nouvelle valeur du condensateur de filtrage si l'alimentation est du type redressement mono-alternance et si elle doit conserver ses caractéristiques précédentes.

La tension d'ondulation étant inchangée, il vous faut reporter la nouvelle valeur de T dans la formule:

$$C = \frac{I \times T}{V}$$

$$= \frac{0,2 \times 20 \times 10^{-3}}{0,85} = 4,7 \times 10^{-3} \text{ F, ou 4 700 } \mu\text{F}$$

Cette valeur de 4 700 μF correspond à une valeur normalisée. Vous noterez au passage la valeur du condensateur qui est double dans le cas d'un redressement mono-alternance par rapport à un redressement double alternance.

courants dans un transistor

$$I_E = I_B + I_C$$

I_E : courant d'émetteur (**mA**)
I_B : courant de base (**mA**)
I_C : courant de collecteur (**mA**)

Les trois courants d'un *transistor bipolaire* sont liés par la formule : $I_E = I_B + I_C$. En clair, cela revient à dire que le *courant d'émetteur* d'un *transistor* est égal à la somme des *courants de base* et *de collecteur* de ce dernier, comme cela apparaît sur le schéma de la figure 13.

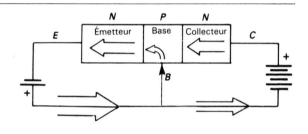

Fig. 13

Du point de vue fonctionnement, c'est le courant de base qui détermine la valeur du courant de collecteur. Au départ, en l'absence de courant de base, le courant de collecteur est nul. Puis, au fur et à mesure que le courant de base augmente, le courant de collecteur augmente également dans un rapport important. Toutefois, le courant de collecteur reste toujours inférieur au courant d'émetteur.

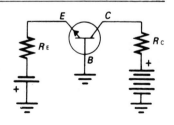

Fig. 14

136

Du point de vue pratique, le circuit de la figure 14 est celui d'un transistor bipolaire monté en *base commune* et dont les courants d'émetteur et de collecteur sont limités par les résistances R_E et R_C.

EXEMPLE 1

Sachant que le courant d'émetteur du transistor de la figure 15 est de 10,3 milliampères et que son courant de collecteur est de 10 milliampères, déterminez la valeur du courant de base de ce transistor.

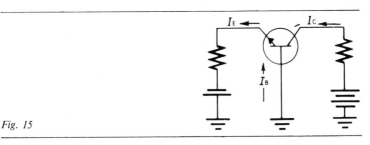

Fig. 15

Vous allez obtenir la valeur du courant de base du transistor en transformant la formule :

$$I_E = I_B + I_C$$
$$I_B = I_E - I_C$$
$$= 10,3 - 10 = 0,3 \text{ mA}$$

EXEMPLE 2

Déterminez la valeur du courant de collecteur du transistor de la figure 16, sachant que le courant de base est de 0,2 milliampère. La *jonction base-émetteur* du transistor est à considérer comme une diode ayant 0,7 volt de *tension de jonction*.

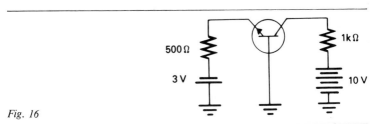

Fig. 16

Déterminez en premier la valeur du courant d'émetteur :

$$I_E = \frac{V}{R} = \frac{3 - 0,7}{500} = 4,6 \times 10^{-3} \text{ A, ou } 4,6 \text{ mA},$$

puis ensuite la valeur du courant de collecteur :

$$I_C = I_E - I_B = 4,6 - 0,2 = 4,4 \text{ mA}$$

gain en courant d'un transistor

$$I_C = \beta \times I_B$$

I_C: courant de collecteur (**mA**)
β: gain en courant
I_B: courant de base (**mA**)

Le montage d'un transistor bipolaire en *émetteur commun,* tel qu'il est décrit à la figure 17, est l'application la plus courante parmi les trois possibles: base commune, émetteur commun et collecteur commun.

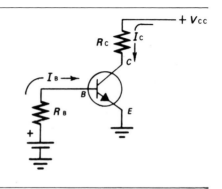

Fig. 17

Le *gain en courant* β («bêta») d'un transistor est égal au rapport qui existe entre la valeur du courant de collecteur et celle du courant de base qui lui a donné naissance. Certains transistors ont un

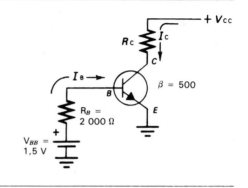

Fig. 18

gain en courant proche de 10, alors que d'autres atteignent parfois 1 000. Dire qu'un transistor a un gain en courant de 100 par exemple, revient à dire que si vous injectez un courant de 2 milliampères dans la base de ce transistor, il en résulte un courant de 200 milliampères dans le collecteur.

EXEMPLE 1

La *résistance de charge* du transistor de la figure 18 est en fait une lampe qui nécessite 200 milliampères pour être totalement allumée. Le sera-t-elle si la tension d'entrée est égale à 1,5 volt?
Calculez en premier lieu le courant de base du transistor, en notant que la tension V_{BB} est égale à la tension aux bornes de la résistance R_B augmentée de la chute de tension base-émetteur qui est de 0,7 volt:

$$V_{BB} = R_B I_B + V_{BE}$$

Ce qui donne après transformation:

$$R_B I_B = V_{BB} - V_{BE} = 1,5 - 0,7 = 0,8 \text{ V}$$

d'où:

$$I_B = \frac{0,8}{R_B} = \frac{0,8}{2 \times 10^3} = 0,4 \times 10^{-3} \text{ A, ou 0,4 mA}$$

Calculez ensuite le courant de collecteur qui traverse la lampe en employant la formule:

$$I_C = \beta \times I_B$$

$$= 500 \times 0,4 = 200 \text{ mA}$$

La lampe sera totalement allumée avec une tension d'entrée de 1,5 volt.

EXEMPLE 2

Dans le circuit de la figure 19, calculez la valeur du courant de base qui procure un courant de 17,25 milliampères dans la lampe.

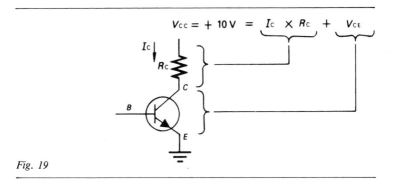

Fig. 19

Transformons la formule :

$$I_C = \beta \times I_B$$

ou :

$$I_B = \frac{I_c}{\beta} = \frac{17,25}{500} = 0,0345 \text{ mA, ou } 34,5 \,\mu\text{A}$$

résistance de charge d'un transistor

$$V_{CC} = R_C \times I_C + V_{CE}$$

V_{CC}:	tension d'alimentation (**V**)
R_C:	résistance de charge (Ω)
I_C:	courant de collecteur (**A**)
V_{CE}:	tension collecteur-émetteur (**V**)

Un transistor bipolaire est destiné avant tout à amplifier un signal. Il faut donc que les variations du courant de collecteur provoquées par les variations du courant de base puissent être transformées en *variations de tension*. C'est le rôle de la *résistance de collecteur* qui s'insère entre le *collecteur* du transistor et le + de l'alimentation.

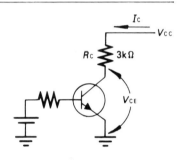

Fig. 20

La formule proposée décrit le fonctionnement du circuit de sortie d'un transistor, tel que cela apparaît à la figure 20. La tension d'alimentation V_{CC} est égale à la chute de tension aux bornes de la résistance de collecteur provoquée par le courant de collecteur qui la traverse, plus la *tension collecteur-émetteur* du transistor. Si ce dernier est bloqué, c'est-à-dire si le courant de collecteur est nul, la totalité de la tension d'alimentation se retrouve aux bornes du transistor. Dans le cas contraire lorsqu'il est saturé, c'est-à-dire lorsque le courant n'est plus limité que par la valeur de la résistance, la totalité de la tension d'alimentation se retrouve aux bornes de la résistance. Enfin, dans le cas intermédiaire, la tension d'alimentation se répartie entre la résistance de collecteur et le transistor.

141

EXEMPLE 1

Quelle est la tension d'alimentation du circuit à transistor de la figure 18, si le courant de collecteur est de 1,2 milliampère et la tension collecteur-émetteur de 7,4 volts?
Appliquez pour cela la formule:

$$V_{CC} = R_C \times I_C + V_{CE}$$
$$= 3 \times 10^3 \times 1,2 \times 10^{-3} + 7,4 = 11\ V$$

EXEMPLE 2

Quelle est la tension collecteur-émetteur du transistor de la figure 21?

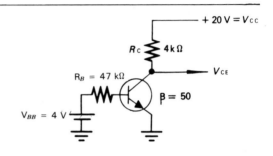

Fig. 21

Déterminez en premier la valeur du courant de base, en tenant compte de la chute de tension base-émetteur de 0,7 volt.
La tension aux bornes de R_B est égale à:

$$R_B I_B = V_{BB} - V_{BE} = 4 - 0,7 = 3,3\ V$$

d'où:

$$I_B = \frac{3,3}{47 \times 10^3} = 70,2 \times 10^{-6}\ A,\ \text{ou } 70,2\ \mu A$$

Calculez ensuite la valeur du courant de collecteur:

$$I_C = \beta \times I_B$$
$$= 50 \times 70,2 \times 10^{-3} = 3,5\ mA$$

Calculez enfin la tension collecteur-émetteur en transformant la formule:

$$V_{CC} = R_C \times I_C + V_{CE}$$

qui devient après transformation:

$$V_{CE} = V_{CC} - R_C \times I_C$$
$$= 20 - 4 \times 10^3 \times 3,5 \times 10^{-3} = 6\ V$$

polarisation en classe A

$$R_B = 2 \times R_C \times \beta$$

$R_B:$ résistance de base (Ω)
$R_C:$ résistance de collecteur (Ω)
$\beta:$ gain en courant du transistor

Pour qu'un transistor puisse fonctionner en *amplificateur* de signaux alternatifs, de façon à ce que l'amplitude du signal de sortie soit la plus grande possible (voir figure 22), il faut que sa tension collecteur-émetteur soit égale à la moitié de la tension d'alimentation.

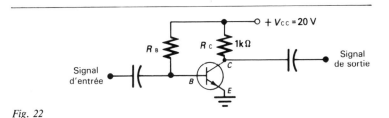

Fig. 22

Ce type de fonctionnement d'un *étage à transistor* dans lequel la tension collecteur-émetteur du transistor est égale à la moitié de la tension d'alimentation porte le nom de fonctionnement en *classe A*. Il existe d'autres *classes de fonctionnement* (B, AB, C, etc.) qui diffèrent par le choix de la valeur de la tension collecteur-émetteur.

Ce rapport de tension s'obtient en envoyant un courant de base à travers une *résistance de base* adéquate reliée au pôle + de l'alimentation.

EXEMPLE 1

Déterminez la valeur de la résistance de base R_B permettant de polariser en classe A le transistor de la figure 23.

Vous allez déterminer la valeur de la résistance R_B en appliquant directement la formule :

$$R_B = 2 \times R_C \times \beta$$
$$= 2 \times 100 \times 50 = 10 \times 10^3 \ \Omega, \text{ ou } 10 \text{ k}\Omega$$

143

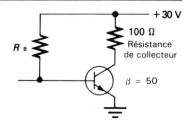

Fig. 23

EXEMPLE 2

Sachant que le transistor de la figure 24 possède un gain en courant de 100, déterminez la valeur de la résistance de base R_B permettant d'obtenir un fonctionnement en classe A. Vérifiez votre résultat en calculant en détail les divers courants et tensions du transistor.

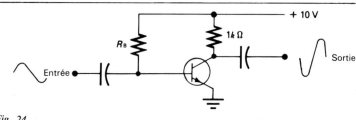

Fig. 24

Le calcul direct par la formule donne:

$$R_B = 2 \times R_C \times \beta$$
$$= 2 \times 10^3 \times 10^2 = 2 \times 10^5 \, \Omega, \text{ ou } 200 \text{ k}\Omega$$

Pour le calcul détaillé de vérification, commencez par rechercher la valeur du courant de collecteur permettant un fonctionnement en classe A:

$$V_{CE} = \frac{V_{CC}}{2} = \frac{10}{2} = 5 \text{ V}$$

ce qui donne:

$$I_C = \frac{V_{CC} - V_{CE}}{R_C} = \frac{10 - 5}{10^3} = 5 \times 10^{-3} \text{A, ou 5 mA}$$

Recherchez ensuite le courant de base correspondant:

$$I_B = \frac{I_C}{\beta} = \frac{5 \times 10^{-3}}{10^2} = 5 \times 10^{-5} \text{A, ou 50 } \mu\text{A}$$

144

Finalement, vous obtenez la résistance R_B:

$$R_B = \frac{V_{CC} - V_{BE}}{I_B} = \frac{10 - 0,7}{50 \times 10^{-6}} = 186 \times 10^3\,\Omega,\ \text{ou}\ 186\,\text{k}\Omega$$

La légère différence entre les deux résultats provient de ce que la valeur de la *tension de jonction base-émetteur* V_{BE} du transistor a été négligée dans la formule.

saturation d'un transistor

	R_B:	résistance de base (Ω)
	V_{BB}:	tension d'entrée (**V**)
$R_B = \dfrac{V_{BB} - V_{BE}}{V_{CC}} \times \dfrac{R_C \, \beta}{2}$	V_{BE}:	tension base-émetteur (**V**)
	V_{CC}:	tension d'alimentation (**V**)
	R_C:	résistance de collecteur (Ω)
	β:	gain en courant du transistor

Un transistor peut servir d'*amplificateur de courant* pour commander avec un faible courant un organe réclamant un fort courant de fonctionnement. Cela peut être notamment le cas d'un *relais* ou d'une lampe. Dans une telle application, le transistor fonctionne en *commutation,* c'est-à-dire qu'il ne délivre que deux informations en sortie correspondant à l'absence ou à l'existence du courant de collecteur.

Le courant de collecteur, lorsqu'il existe, doit correspondre au *courant de saturation* du transistor. Pour être sûr de bien saturer ce dernier en lui injectant le courant de base, la règle usuelle veut que ce courant de base soit doublé. Cela vous explique la division par 2 dans la formule de la valeur du gain en courant du transistor, ce qui double ainsi artificiellement la valeur du courant de base.

EXEMPLE 1

Déterminez la valeur de la résistance R_B qui permet de saturer le transistor de la figure 25, sachant que la lampe possède une *résistance de filament* de 48 ohms.

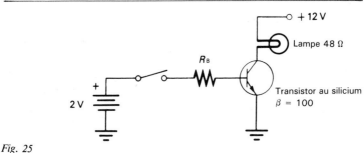

+ 12 V

Lampe 48 Ω

R_B

2 V

Transistor au silicium
$\beta = 100$

Fig. 25

146

Vous allez trouver directement la valeur de R_B en appliquant la formule:

$$R_B = \frac{V_{BB} - V_{BE}}{V_{CC}} \times \frac{R_C\,\beta}{2}$$

$$= \frac{2 - 0,7}{12} \times \frac{48 \times 100}{2} = 260\,\Omega$$

EXEMPLE 2

Déterminez la valeur de la résistance de base R_B qui permet de faire fonctionner le relais 6 V de 120 ohms de résistance de la figure 26.

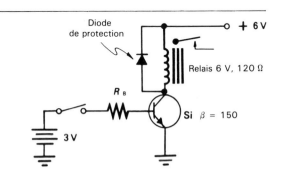

Fig. 26

$$R_B = \frac{V_{BB} - V_{BE}}{V_{CC}} \times \frac{R_C\,\beta}{2}$$

$$= \frac{3 - 0,7}{6} \times \frac{120 \times 150}{2} = 3\,450\,\Omega$$

impédance de sortie d'un amplificateur

$$Z_S = R_C \parallel R_U$$
$(R_C \text{ et } R_U \text{ en parallèle})$

Z_S: impédance de sortie (Ω)
R_C: résistance de charge (Ω)
R_U: résistance d'utilisation (Ω)

Déterminer l'*impédance de sortie* d'un amplificateur à transistor est une opération indispensable pour qui veut connaître le *gain en tension* de cet amplificateur.

Si vous examinez le circuit de la figure 27, vous pouvez déterminer très facilement sa *résistance de sortie* qui est égale à R_C, la résistance de charge du transistor. Cette facilité provient du fait que l'amplificateur n'est pas chargé par un autre *étage,* c'est-à-dire qu'il fonctionne à vide.

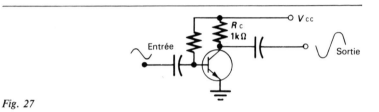

Fig. 27

Il n'en est pas de même dans la réalité car en général un *étage amplificateur* est chargé par un second étage, simulé sur la figure 28 par la *résistance d'utilisation* R_U. L'impédance de sortie vis-à-vis du signal alternatif est, dans ce cas, égale à la mise en parallèle des deux résistances de charge et d'utilisation. En effet, le signal alternatif considérant le *condensateur de liaison* (si celui-ci est assez élevé) comme un court-circuit, vous retrouvez les deux résistances R_C et R_U en parallèle l'une sur l'autre.

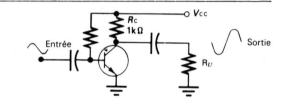

Fig. 28

148

EXEMPLE 1

Déterminez l'impédance de sortie de l'amplificateur à transistor de la figure 29.

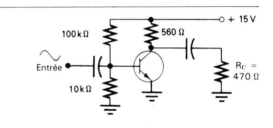

Fig. 29

La valeur de l'impédance de sortie vous est fournie par la formule :

$$Z_S = R_C \parallel R_U$$

$$= \frac{R_C \times R_U}{R_C + R_U} = \frac{560 \times 470}{560 + 470} = 255 \ \Omega$$

EXEMPLE 2

Déterminez l'impédance de sortie du premier étage de l'amplificateur de la figure 30.

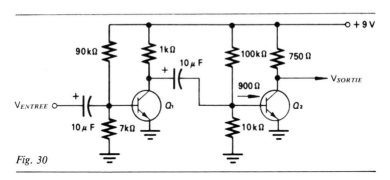

Fig. 30

Commencez par déterminer la valeur de la résistance équivalente au second étage. Vous avez en fait la mise en parallèle des deux résistances de 10 et de 100 kilohms avec la résistance d'entrée de 900 ohms du second transistor, ce qui donne :

$$R_U = 10 \times 10^3 \parallel 100 \times 10^3 \parallel 900 = 819 \ \Omega$$

Quand à Z_S, vous l'obtenez en appliquant la formule :

$$Z_S = R_C \parallel R_U$$

$$= 1 \times 10^3 \parallel 819 = 450 \ \Omega$$

149

gain
d'un étage à transistor

$$A_V = \frac{R_C \parallel R_U}{R_E}$$

A_V: gain en tension de l'étage
R_C: résistance de charge de collecteur (Ω)
R_U: résistance d'utilisation (Ω)
R_E: résistance d'émetteur (5Q)

Le gain en tension d'un étage amplificateur est le rapport avec lequel le signal de sortie est amplifié vis-à-vis du signal d'entrée. A titre d'exemple, un amplificateur qui possède un gain en tension de 10 délivre un signal de sortie 10 fois plus grand que le signal d'entrée qu'il reçoit.

La détermination du gain en tension s'obtient rapidement en divisant la charge totale branchée en sortie du collecteur du transistor, c'est-à-dire la résistance de charge de collecteur avec en parallèle la résistance d'utilisation, par la valeur de la *résistance d'émetteur* (voir figure 31).

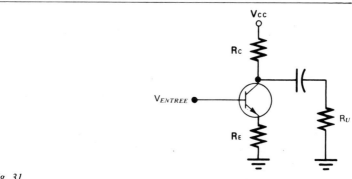

Fig. 31

Dans le cas où le transistor ne possède pas de résistance d'émetteur, il vous faut calculer celle de la jonction d'émetteur interne au transistor. Une règle approximative est de considérer cette résistance interne d'émetteur égale à $0,03/I_{CM}$, 0,03 étant une valeur constante et I_{CM} le courant maximal de collecteur.

EXEMPLE 1

Déterminez le gain en tension et l'amplitude du signal de sortie de l'amplificateur de la figure 32.

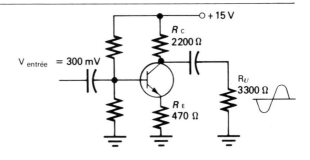

Fig. 32

La valeur du gain en tension s'obtient directement avec la formule :

$$A_V = \frac{R_C \parallel R_U}{R_E} = \frac{2\ 200 \parallel 3\ 300}{470} = 2,8$$

L'amplitude du signal de sortie est alors :

$$V_{sortie} = V_{entrée} \times A_V = 300 \times 2,8 = 0,84 \text{ V, ou } 840 \text{ mV}$$

EXEMPLE 2

Calculez le gain en tension de l'amplificateur de la figure 33. Déterminez en premier lieu le courant de collecteur maximal :

$$I_{CM} = \frac{V_{CC}}{R_C} = \frac{10}{560} = 17,9 \times 10^{-3} \text{ A, ou } 17,9 \text{ mA}$$

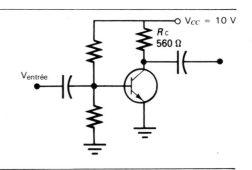

Fig. 33

Recherchez ensuite la valeur de la résistance *interne* d'émetteur, égale ici à R_E puisqu'il n'y a pas de résistance d'émetteur.

$$R_E = \frac{0,03}{I_{CM}} = \frac{0,03}{17,9 \times 10^{-3}} = 1,68\ \Omega$$

La valeur du gain en tension s'obtient en rapportant cette valeur dans la formule, en remarquant qu'ici R_U a une valeur infinie :

$$A_V = \frac{R_C}{R_E} = \frac{560}{1,68} = 333$$

Vous noterez la valeur importante du gain en l'absence de résistance d'émetteur. Toutefois, la suppression de cette résistance d'émetteur entraîne une mauvaise *stabilité thermique* des *tensions de polarisation* du montage, ainsi que la création d'une *distorsion* importante.

fonctionnement
d'un transistor unijonction

$$V_p = \eta\, V_{BB} + 0,7$$

V_p :	tension de pic (**V**)
η :	rapport intrinsèque
V_{BB} :	tension d'alimentation (**V**)
0,7 :	tension de jonction d'émetteur (**V**)

Le *transistor unijonction* diffère du transistor bipolaire par le fait qu'il devient brusquement passant lorsque la tension d'entrée dépasse un certain seuil, phénomène n'existant pas dans le transistor bipolaire.

Du point de vue construction, un transistor unijonction se compose d'un *barreau de semiconducteur* dont les extrémités s'appellent base 1 et base 2 et d'une jonction émetteur-barreau (voir figure 34**a**). Le barreau se comportant comme un diviseur de tension, le point X se trouve porté à un potentiel égal à ηV_{BB}, η («éta») étant égal au *rapport intrinsèque de division* et V_{BB} à la tension d'alimentation.

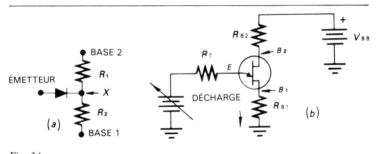

Fig. 34

La *tension de seuil* à partir de laquelle le transistor unijonction va conduire porte le nom de *tension de pic*. C'est cette tension de pic que la formule vous permet d'établir. Une fois le transistor unijonction passant, il faut que la tension de pic baisse jusqu'à 1/6 de sa valeur initiale pour que la *conduction* cesse.

EXEMPLE 1

Déterminez la tension de pic du transistor unijonction de la figure 35.

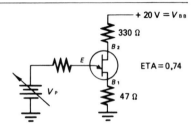

Fig. 35

La valeur de η étant de 0,74 (elle est généralement comprise entre 0,5 et 0,8), la tension de pic s'obtient directement par la formule :

$$V_p = \eta\, V_{BB} + 0,7$$
$$= 0,74 \times 20 + 0,7 = 15,5\ \text{V}$$

EXEMPLE 2

Lorsque le transistor unijonction de la figure 36 devient passant, sa tension émetteur-base$_1$ chute à 2 volts. Dans ces conditions déterminez la tension aux bornes de la résistance d'émetteur.

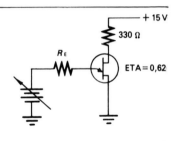

Fig. 36

Calculez en premier lieu la valeur de la tension de pic, en employant la formule :

$$V_p = \eta\, V_{BB} + 0,7 = 0,62 \times 15 + 0,7 = 10\ \text{V}$$

La tension aux bornes de la résistance d'émetteur est alors :

$$V_{RE} = V_p - V_{EB1} = 10 - 2 = 8\ \text{V}$$

fréquence d'oscillation d'un transistor unijonction

$$f = \cfrac{1}{RC \times \ln\left(\cfrac{1}{1-\eta}\right)}$$

$f:$ fréquence d'oscillation **(Hz)**
$R:$ résistance de la charge (Ω)
$C:$ condensateur de la charge **(F)**
$\eta:$ rapport intrinsèque

Le transistor unijonction se prête fort bien à la réalisation d'oscillateurs délivrant un signal alternatif en forme de *dents de scie,* tel que vous pouvez le voir sur la figure 37.

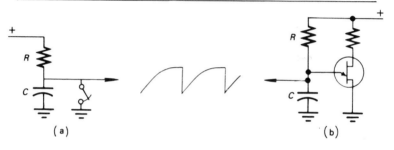

Fig. 37

Le principe d'*oscillateur* repose sur la charge et la *décharge* d'un condensateur. La charge est réalisée grâce à la résistance *R* dont la valeur, associée avec celle du condensateur, détermine la *période d'oscillation.* La décharge du condensateur s'opère par le transistor unijonction qui devient brutalement conducteur dès que la tension aux bornes du condensateur atteint la valeur de la tension de pic de l'unijonction. Pour un bon fonctionnement de ce type d'*oscillateur à relaxation,* la résistance *R* ne doit jamais être inférieure à 2 000 ohms ou supérieure à 500 kilohms.

Le calcul de la *fréquence d'oscillation* faisant intervenir un *logarithme népérien,* il vous suffit de taper sur la touche de votre *calculatrice* marquée «ln» pour obtenir directement le résultat recherché.

EXEMPLE 1

Calculez la fréquence d'oscillation du montage à transistor unijonction de la figure 38.

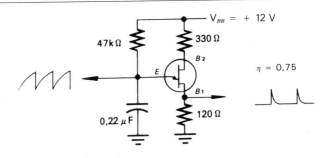

Fig. 38

Vous allez obtenir directement cette fréquence d'oscillation en appliquant la formule :

$$f = \cfrac{1}{RC \ln \left(\cfrac{1}{1-\eta}\right)}$$

$$= \cfrac{1}{47 \times 10^3 \times 0,22 \times 10^{-6} \times \ln \left(\cfrac{1}{1-0,75}\right)}$$

$$= \cfrac{1}{10,34 \times 10^{-3} \times \ln 4} = \cfrac{10^3}{10,34 \times 1,386} = 70\ \text{Hz}$$

Vous noterez qu'en plus du *signal en dents de scie* présent aux bornes du condensateur, l'oscillateur à transistor unijonction délivre des *impulsions positives* à la même fréquence sur la base 1.

EXEMPLE 2

Déterminez la nouvelle valeur de la résistance R pour que la fréquence d'oscillation devienne égale à 1 000 hertz.

Vous allez calculer cette nouvelle valeur de R en transformant la formule :

$$f = \cfrac{1}{RC \times \ln \left(\cfrac{1}{1-\eta}\right)}$$

$$R = \cfrac{1}{fC \times \ln \left(\cfrac{1}{1-\eta}\right)}$$

$$R = \cfrac{1}{10^3 \times 0,22 \times 10^{-6} \times 1,386} = 3\ 280\ \Omega$$

156

transconductance d'un transistor à effet de champ

$$g = \frac{\Delta I_D}{\Delta V_{GS}}$$

g :   transconductance du TEC (**mA/V**)
ΔI_D :   variation du courant de drain (**mA**)
ΔV_{GS} :   variation de la tension grille-source (**V**)

Le *transistor à effet de champ,* encore appelé TEC en abrégé, est un *élément actif* dont le courant de sortie dépend de la valeur de la tension d'entrée. Par rapport au transistor bipolaire, le transistor à effet de champ ne nécessite aucun courant d'entrée, ce qui se traduit à résultats identiques par une *puissance de commande* infinitésimale.

La figure 39 vous montre un transistor à effet de champ avec ses trois *électrodes* : la *grille* (G) sur laquelle il faut appliquer la *tension de commande,* la *source* (S) et le *drain* (D) à travers lesquels s'écoule le *courant de drain.* Ce courant de drain est lié à la tension d'entrée par la *transconductance* du transistor à effet de champ.

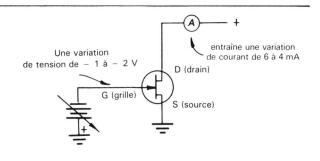

Fig. 39

Pour déterminer la valeur de cette transconductance, il vous suffit de faire varier la *tension d'entrée grille-source* de quelques volts et de voir la variation du courant de drain qui en résulte. A titre d'exemple, un TEC qui présente un courant de 6 milliampères pour une *tension de grille* de − 1 volt et un courant de 4 milliampères pour une tension de grille de − 2 volts, possède une transconductance de :

$$g = \frac{\Delta I_D}{\Delta V_{GS}} = \frac{6-4}{2-1} = 2\,\text{mA/V}$$

Cette valeur de transconductance signifie que le courant de drain du TEC va varier de 2 milliampères pour toute variation de la tension de grille de 1 volt. Le symbole Δ (« delta ») signifie « variation de », ou « différence de ».

EXEMPLE 1

Déterminez la transconductance du transistor à effet de champ de la figure 40.

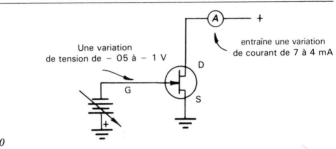

Fig. 40

Vous allez trouver directement la valeur de *g* en appliquant la formule :

$$g = \frac{\Delta I_D}{\Delta V_{GS}} = \frac{7 - 4}{1 - 0,5} = 6 \text{ mA/V}$$

EXEMPLE 2

Déterminez si un TEC qui présente une variation de courant de drain de 4 milliampères pour une variation de tension grille-source de 0,55 volt est supérieur ou inférieur en gain au TEC de l'exemple précédent.

Calculez la valeur de la transconductance à partir de la formule :

$$g = \frac{\Delta I_D}{\Delta V_{GS}} = \frac{4}{0,55} = 7,27 \text{ mA/V}$$

La transconductance de ce transistor à effet de champ est plus élevée que celle du transistor de l'exemple précédent. En conséquence, c'est lui qui possède le plus grand *gain*.

polarisation
d'un transistor
à effet de champ

$$R_S = - \frac{V_{GS}}{I_D}$$

R_S: résistance de source (**kΩ**)
V_{GS}: tension grille-source (**V**)
I_D: courant de drain (**mA**)

Étant donné qu'un transistor à effet de champ se commande en tension, il n'est pas possible de lui injecter un *courant de polarisation* comme avec un transistor bipolaire.

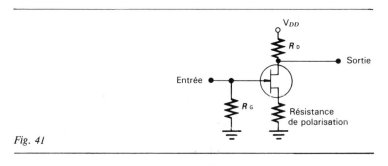

Fig. 41

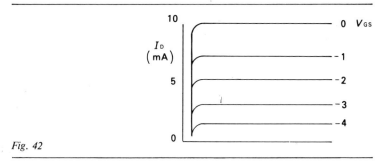

Fig. 42

Pour polariser un transistor à effet de champ, il faut utiliser la méthode dite d'*autopolarisation,* qui consiste à placer entre la source et la *masse* une *résistance de source* (voir figure 41). Cette résistance de source parcourue par le courant de drain détermine à ses bornes une tension qui n'est rien d'autre que l'opposée de la tension de grille. Ainsi, connaissant le *réseau de caractéristiques* d'un transistor à effet de champ, comme celui de la figure 42, vous allez pouvoir déterminer la valeur de la résistance de source. En supposant que vous désiriez par exemple un *courant de repos*

159

du TEC de 5 milliampères, un rapide coup d'œil au réseau de caractéristiques vous fournit la tension grille-source correspondante : − 2 volts. Comme cette tension est celle qui apparaît aux bornes de la résistance de source, vous déterminez la valeur de cette dernière en reportant les valeurs précédentes dans la formule.

Vous noterez, sur le réseau de caractéristiques, qu'en l'absence de *tension de polarisation* ($V_{GS} = 0$ et $R_S = 0$) le TEC est déjà conducteur.

EXEMPLE 1

Calculez la valeur de la *résistance de polarisation* du TEC de la figure 43, sachant que le courant de repos doit être de 3 milliampères et que cela correspond à une tension grille-source de − 3 volts.

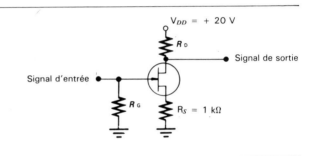

$V_{DD} = + 20$ V

R D

Signal de sortie

Signal d'entrée

R G

$R_S = 1$ kΩ

Fig. 43

Calculez directement la valeur de cette résistance de source en vous servant de la formule :

$$R_S = - \frac{V_{GS}}{I_D} = - \frac{(-3)}{3} = 1 \text{ k}\Omega$$

A titre d'information, la valeur de R_G est généralement de 1 mégohm.

EXEMPLE 2

Calculez pour l'étage amplificateur de la figure 43, la valeur de la résistance de drain R_D qui autorise le fonctionnement de cet étage en classe A.

Le fonctionnement en classe A correspondant à une tension continue de sortie égale à la moitié de la tension d'alimentation, et le courant de repos de drain étant de 3 milliampères, la valeur de la *résistance de drain* s'obtient ainsi :

$$R_D = \frac{\dfrac{V_{DD}}{2}}{I_D} = \frac{\dfrac{20}{2}}{3} = 3,33 \text{ k}\Omega$$

160

gain d'un étage à transistor à effet de champ

$$A_V = g \times R_D$$

A_V: gain en tension de l'étage
g: transconductance (**mA/V**)
R_D: résistance de charge de drain (Ω)

On utilise très facilement un transistor à effet de champ en amplificateur en insérant une résistance de charge dans le circuit de drain de ce transistor. Ainsi, toute variation du courant de drain, provoquée par une variation de la tension de grille, donne lieu à l'apparition d'une tension variable aux bornes de la résistance de charge de drain (voir figure 44).

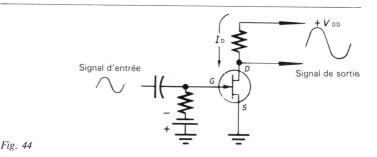

Fig. 44

Connaissant la transconductance du TEC, c'est-à-dire le *paramètre* qui lie le courant de drain à la tension de grille, il vous suffit de la multiplier par la valeur de la résistance de drain pour connaître la variation de la tension de sortie pour une variation de la tension d'entrée de 1 volt. Vous obtenez ainsi le gain en tension de cet étage amplificateur.

Vous noterez la *méthode* particulière *de polarisation* de la grille du TEC utilisant une *source négative* d'alimentation.

EXEMPLE 1

Si un transistor à effet de champ qui possède une transconductance de 2 mA/V est monté avec une résistance de drain de 10 kilohms, calculez le gain en tension de l'étage qui utilise ce TEC.

$$A_V = g \times R_D = 2 \times 10^{-3} \times 10^4 = 20$$

EXEMPLE 2

Sachant qu'un signal d'entrée de 300 millivolts est appliqué à l'entrée de l'amplificateur de la figure 45, déterminez la valeur de la tension de sortie.

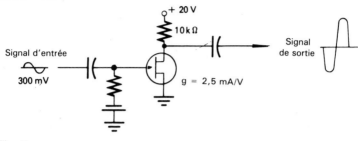

Fig. 45

Calculez d'abord la valeur du gain en tension en appliquant la formule :

$$A_V = g \times R_D = 2{,}5 \times 10^{-3} \times 10^4 = 25$$

Calculez ensuite la valeur de la tension de sortie :

$$V_{sortie} = V_{entrée} \times A_V$$
$$= 0{,}3 \times 25 = 7{,}5 \text{ V}$$

valeur d'un condensateur de liaison ou de découplage

$$C = \frac{10}{2\pi \times R \times f_{min}}$$

C : condensateur de liaison ou de découpage (**F**)

R : résistance du circuit (Ω)

f_{min} : fréquence minimale (**Hz**)

Les circuits électroniques utilisent abondamment les condensateurs dans des rôles de liaison entre étages ou de découplage de résistance de polarisation. La présente formule est une règle pratique de calcul de leur valeur dans les deux cas.

Sur la figure 46a, le condensateur C_L sert de *condensateur de liaison* entre les deux *étages électroniques* A et B. Pour obtenir un *transfert* maximal *d'énergie* entre ces deux étages, il faut que la réactance du condensateur soit au plus égale au 1/10 de l'*impédance d'entrée R* du second étage, et ce à la fréquence la plus basse à transmettre (f_{min}).

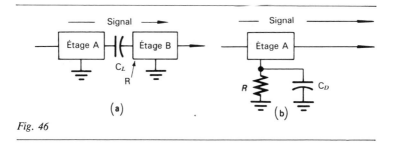

Fig. 46

Sur la figure 46b, le condensateur C_D sert de *condensateur de découplage* de la résistance de polarisation R. Pour que ce découplage soit effectif à toutes les fréquences, il faut que la réactance du condensateur soit au plus égale au 1/10 de la valeur de la résistance à découpler R et ce, à la fréquence la plus basse à transmettre (f_{min}).

EXEMPLE 1

Sachant que l'impédance d'entrée de l'amplificateur de la figure 47 est de 10 kilohms et que la *bande de fréquences* qu'il doit amplifier s'étale de 100 hertz à 15 kilohertz, déterminez la valeur du condensateur de liaison C_L.

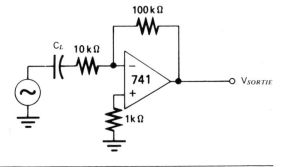

Fig. 47

La valeur de C_L vous est donnée directement par la formule pratique:

$$C = \frac{10}{2\pi R f_{min}}$$

$$= \frac{10}{2 \times 3,14 \times 10^4 \times 10^2} = 1,6 \times 10^{-6} \text{ F, ou } 1,6\ \mu\text{F}$$

EXEMPLE 2

Calculez la valeur du condensateur de découplage C_D de la figure 48, sachant que la fréquence la plus basse à transmettre est de 200 hertz.

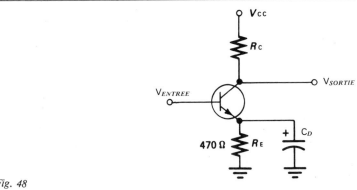

Fig. 48

La valeur de C_D va vous être donnée directement par la même formule pratique:

$$C = \frac{10}{2\pi R f_{min}}$$

$$= \frac{10}{2 \times 3,14 \times 470 \times 200} = 1,7 \times 10^{-5} \text{ F, ou } 17\ \mu\text{F}$$

164

gain d'un amplificateur opérationnel

$$A_V = \frac{R_1}{R_2}$$

A_V: gain en tension
R_2:   résistance de contre-réaction (Ω)
R_1:   résistance d'entrée (Ω)

Le schéma de la figure 49 est celui d'un *amplificateur inverseur* utilisant un *amplificateur opérationnel.* Le gain en tension de cet étage est défini par le rapport des deux résistances R_2 et R_1 qui servent respectivement de *résistance de contre-réaction* et de *résistance d'entrée* à cet amplificateur opérationnel.

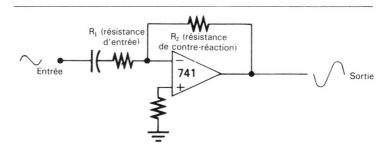

Fig. 49

La résistance R_1 doit avoir une valeur comprise entre 1 et 100 kilohms. C'est cette résistance qui détermine la résistance d'entrée de l'amplificateur. En effet, le point commun des deux résistances R_1 et R_2 étant un point de *masse virtuelle,* la résistance d'entrée de l'amplificateur est alors égale à R_1.
La résistance de contre-réaction R_2 ne doit pas dépasser la valeur limite de 1 mégohm, afin de maintenir à l'ensemble une *stabilité thermique* suffisante. Sa valeur dépend généralement de la valeur du gain en tension souhaité pour l'étage amplificateur.

EXEMPLE 1

Calculez le gain en tension de l'étage amplificateur de la figure 50.

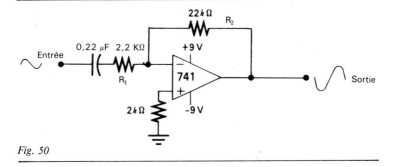

Fig. 50

Vous allez obtenir directement ce gain en tension en appliquant la formule:

$$A_V = \frac{R_2}{R_1} = \frac{22 \times 10^3}{2,2 \times 10^3} = 10$$

EXEMPLE 2

Déterminez le gain en tension de l'amplificateur de la figure 51.

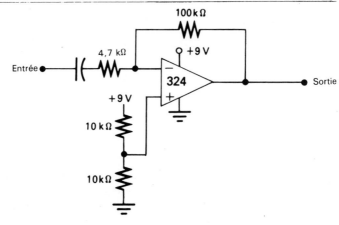

Fig. 51

Vous allez obtenir directement ce gain en tension en appliquant à nouveau la formule:

$$A_V = \frac{R_2}{R_1} = \frac{100 \times 10^3}{4,7 \times 10^3} = 21,3.$$

Notez le fait que l'entrée + de l'amplificateur opérationnel est ici portée à un *potentiel continu* égal à la moitié de la tension d'alimentation.

largeur de bande
d'un filtre passe-bande

$$R_1 = \frac{1}{\pi \times C \times \Delta f}$$

R_1: résistance de contre-réaction (Ω)
C: condensateur du filtre (**F**)
Δf: largeur de bande du filtre (**Hz**)

Un *amplificateur sélectif* comme celui de la figure 52 est en fait un filtre passe-bande dont la *largeur de bande* est modifiable à volonté par ajustement de la valeur de la résistance R_1 de contre-réaction.

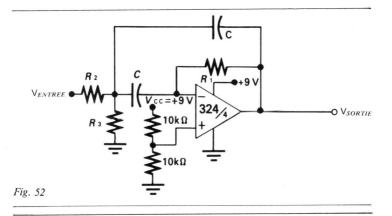

Fig. 52

Pour calculer les différentes valeurs des résistances et des condensateurs de ce filtre passe-bande, opérez dans l'ordre suivant:
1) Déterminez la valeur des deux condensateurs en fonction de la *fréquence centrale* du filtre. Les différentes valeurs de C en fonction de f_O sont indiquées dans le tableau ci-après.
2) Calculez ensuite la valeur de la résistance R_1 suivant la largeur de bande Δf souhaitée, en vous servant de la formule ci-dessus.
3) Déterminez ensuite la valeur de la résistance R_2 dont dépend le gain en tension du filtre en employant la relation:

$$R_2 = \frac{R_1}{2\,A_V}$$

4) Calculez finalement la valeur de la résistance R_3 en reportant la valeur du coefficient de qualité Q dans la relation:

$$R_3 = \frac{R_1}{4\,Q^2 - 2\,A_V}$$

167

Choix des capacités	
f_0	C
100 Hz	0,22 µF
1 kHz	0,022 µF
10 kHz	0,0022 µF

EXEMPLE 1

Déterminez les valeurs des diverses résistances R_1, R_2 et R_3 d'un filtre passe-bande, sachant que sa fréquence centrale doit être de 800 hertz, que son coefficient de qualité est de 1,5 et son gain en tension de 2.

Commencez en premier par choisir la valeur du condensateur en vous aidant du tableau. La valeur la plus proche est :

$$C = 22 \text{ nF}$$

Calculez ensuite la valeur de la résistance R_1 en reportant la valeur de Δf dans la formule :

$$\Delta f = \frac{f_O}{Q} = \frac{800}{1,5} = 533 \text{ Hz}$$

d'où :

$$R_1 = \frac{1}{\pi \times \Delta f \times C}$$

$$= \frac{1}{3,14 \times 533 \times 22 \times 10^{-9}} = 27 \times 10^3 \,\Omega, \text{ ou } 27 \text{ k}\Omega$$

Calculez maintenant la valeur de la résistance R_2 à partir de la relation

$$R_2 = \frac{R_1}{2\,A_V}$$

$$= \frac{27 \times 10^3}{4} = 6,8 \times 10^3 \,\Omega, \text{ ou } 6,8 \text{ k}\Omega$$

Calculez finalement la valeur de la résistance R_3 à partir de la relation

$$R_3 = \frac{R_1}{4\,Q^2 - 2\,A_V}$$

$$= \frac{27}{4 \times (1,5)^2 - 4} = 5,4 \times 10^3 \,\Omega, \text{ ou } 5,4 \text{ k}\Omega$$

durée de déclenchement d'un monostable

$$T = 1,1 \times R \times C$$

T : durée de l'impulsion (s)
R : résistance (Ω)
C : condensateur (**F**)

Le *multivibrateur monostable* est un montage électronique qui délivre une impulsion de durée déterminée chaque fois qu'il est déclenché. Ce multivibrateur monostable utilise un *circuit intégré* 555 qui est un circuit universel à applications multiples.
Le schéma de la figure 53 est celui d'un multivibrateur monostable fournissant en sortie une impulsion positive de durée T chaque fois qu'il est déclenché par le *front descendant* d'un *signal de commande*. La *durée de déclenchement* est réglable avec le *réseau RC* constitué de la résistance R et du condensateur C. Les autres composants n'interviennent pas dans le calcul de la *durée de l'impulsion*.

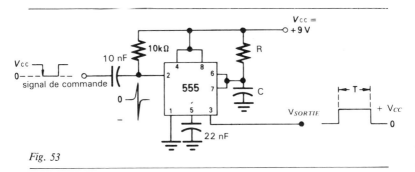

Fig. 53

La présente formule n'est valable qu'avec le circuit intégré 555. Avec d'autres circuits, le coefficient qui intervient dans la formule peut varier. Le mode opératoire habituel consiste à choisir arbitrairement une valeur de condensateur et à calculer ensuite la valeur de la résistance à partir de la formule transformée :

$$R = \frac{T}{1,1 \times C}$$

EXEMPLE 1

Déterminez la durée de l'impulsion du *monostable* de la figure 54.

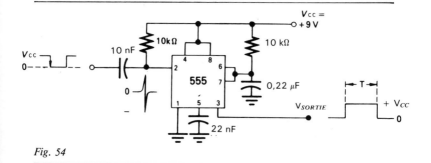

Fig. 54

La durée de l'impulsion de ce monostable se calcule directement en employant la formule :

$$T = 1,1 \times R \times C$$

$$= 1,1 \times 10^4 \times 0,22 \times 10^{-6} = 2,4 \times 10^{-3}\,s,\ ou\ 2,4\ ms$$

EXEMPLE 2

Sachant que vous désirez obtenir d'un monostable une impulsion de sortie de 650 microsecondes de durée avec un condensateur de 1 nanofarad, déterminez la valeur de la résistance R.

La valeur de la résistance s'obtient directement en appliquant la formule transformée :

$$R = \frac{T}{1,1 \times C}$$

$$= \frac{650 \times 10^{-6}}{1,1 \times 10^{-9}} = 590 \times 10^3\ \Omega,\ ou\ 590\ k\Omega$$

fréquence d'un multivibrateur astable

$$f = \frac{1{,}44}{C\,(R_A + 2R_B)}$$

f : fréquence d'oscillation (**Hz**)
C : condensateur (**F**)
R_A : résistance de dimensionnement A (Ω)
R_B : résistance de dimensionnement B (Ω)

Le circuit intégré 555 se prête fort bien à la création d'un *multivibrateur astable* de grande *stabilité en fréquence*. Le montage typique des composants est illustré à la figure 55. L'ensemble oscille sur lui-même et le signal de sortie qu'il délivre est un *signal rectangulaire*.

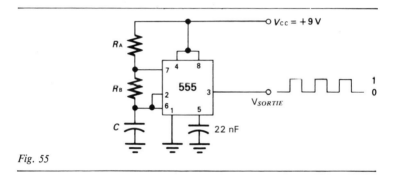

Fig. 55

Du point de vue fonctionnement, le condensateur se charge à travers les deux résistances R_A et R_B alors qu'il se décharge uniquement à travers la résistance R_B. Il s'en suit qu'il est possible par un choix judicieux de ces deux résistances d'obtenir à la fois la fréquence et le *rapport cyclique* souhaité.

La formule décrite ci-dessus vous permet de calculer la fréquence d'oscillation, alors que le rapport cyclique se détermine avec la formule :

$$D = \frac{R_B}{R_A - 2R_B}$$

Quelques détails pratiques : pour des raisons de stabilité thermique, la résistance R_A ne doit jamais descendre en dessous de 2 kilohms. Quant à la résistance d'utilisation, elle doit être obligatoirement supérieure à 50 ohms.

EXEMPLE 1

Quelle est la fréquence d'oscillation et le rapport cyclique du signal délivré par le *multivibrateur* de la figure 55, lorsque: $R_A = 3,3 \text{ k}\Omega$, $R_B = 10 \text{ k}\Omega$ et $C = 50 \text{ nF}$?

La valeur de la fréquence d'oscillation s'obtient avec la formule:

$$f = \frac{1,44}{C(R_A + 2R_B)} = \frac{1,44}{50 \times 10^{-9}(3,3 \times 10^3 + 2 \times 10^4)}$$
$$= 1\ 236 \text{ Hz}$$

La valeur du rapport cyclique s'obtient avec la seconde formule:

$$D = \frac{R_B}{R_A + 2R_B} = \frac{2 \times 10^4}{3,3 \times 10^3 + 2 \times 10^4} = 0,85\ (85\ \%)$$

EXEMPLE 2

Déterminez la plage de fréquences qu'il est possible d'obtenir avec le multivibrateur de la figure 56.

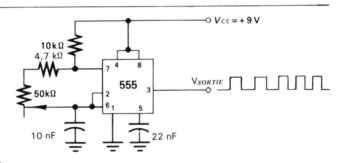

Fig. 56

Lorsque le *potentiomètre* est au maximum, la fréquence d'oscillation est de:

$$f = \frac{1,44}{C(R_A + 2R_{Bmax})} = \frac{1,44}{10^{-8}(10^4 + 2 \times 54,7 \times 10^3)}$$
$$= 1\ 206 \text{ Hz}$$

Lorsque le potentiomètre est au minimum, la fréquence d'oscillation est de:

$$f = \frac{1,44}{C(R_A + 2R_{Bmin})} = \frac{1,44}{10^{-8}(10^4 + 2 \times 4,7 \times 10^3)}$$
$$= 7\ 423 \text{ Hz}$$

La plage de fréquence s'étend de 1 206 à 7 423 hertz suivant la position du potentiomètre.

fréquence d'un oscillateur commandé en tension

$$f = \frac{2\,(V_{CC} - V_C)}{R \times C \times V_{CC}}$$

f :	fréquence d'oscillation (**Hz**)
V_{CC} :	tension d'alimentation (**V**)
V_C :	tension de commande (**V**)
R :	résistance (Ω)
C :	condensateur (**F**)

Un *oscillateur commandé en tension,* encore appelé *OCT* en abrégé, est essentiellement un oscillateur dont la fréquence d'oscillation peut être modifiée par une tension continue. La figure 57 propose un montage d'oscillateur commandé en tension et utilisant un circuit intégré 566.

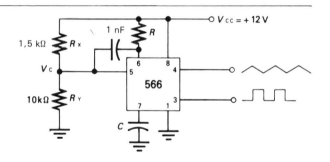

Fig. 57

La formule n'est valable qu'avec ce type de circuit intégré. La fréquence d'oscillation dépend de quatre paramètres. Les deux premiers sont constitués par un réseau *RC* constitué de la résistance *R* et du condensateur *C*. A ce sujet, notez que la résistance *R* doit avoir une valeur comprise entre 2 et 20 kilohms. Le troisième est une tension de commande qu'il faut appliquer sur la broche 5. Cette tension provient en général d'un autre étage électronique, tel qu'un *démodulateur* par exemple. Quant au quatrième paramètre, il s'agit de la tension d'alimentation V_{CC} dont la valeur doit toujours excéder légèrement d'au moins 1 volt la tension de commande.

Notez également que la broche 4 du circuit intégré délivre un *signal triangulaire* de même fréquence que le signal rectangulaire.

EXEMPLE 1

Calculez la fréquence d'oscillation de l'oscillateur commandé en tension de la figure 57, sachant que: $V_C = 10,4$ V, $V_{CC} = 12$ V, $R = 5,6$ kΩ et $C = 0,22$ μF.

Vous allez pouvoir calculer directement cette fréquence en employant la formule:

$$f = \frac{2(V_{CC} - V_C)}{R \times C \times V_{CC}}$$

$$= \frac{2(12 - 10,4)}{5,6 \times 10^3 \times 0,22 \times 10^{-6} \times 12} = 217\,\text{Hz}$$

EXEMPLE 2

Portez dans l'oscillateur précédent la valeur de la résistance R_X à 4,7 kilohms et déterminez la nouvelle valeur de la fréquence d'oscillation de cet OCT.

Le fait de changer la valeur de la résistance R_X change la valeur de la tension de commande qui devient:

$$V_C = V_{CC} \times \frac{R_Y}{R_X + R_Y}$$

$$= \frac{12 \times 10^4}{10^4 + 4,7 \times 10^3} = 8,16\,\text{V}$$

Il vous suffit de reporter cette nouvelle valeur de la tension de commande V_C dans la formule:

$$f = \frac{2(V_{CC} - V_C)}{R \times C \times V_{CC}}$$

$$= \frac{2(12 - 8,16)}{5,6 \times 10^3 \times 0,22 \times 10^{-6} \times 12} = 519\,\text{Hz}$$

4

les formules des circuits de radiocommunication

Ce dernier chapitre traite des circuits de radiocommunication que vous êtes susceptible de rencontrer sur les récepteurs et les émetteurs de radiodiffusion. Les diverses formules qui vous sont proposées vont vous permettre de déterminer tour à tour :

gain exprimé en décibels

$$N = 10 \times \log \frac{P_S}{P_E}$$

N: nombre de décibels (**dB**)
P_S: puissance de sortie (**W**)
P_E: puissance d'entrée (**W**)

D'usage courant en électronique, et en particulier dans les *circuits de radiocommunication,* le *décibel* apporte une simplification des calculs de gain en transformant les opérations de multiplication ou de division en de simples additions ou soustractions par l'intermédiaire des logarithmes* («log»).

Il est intéressant de noter que l'oreille humaine est un récepteur logarithmique, c'est-à-dire qu'elle fournit une sensation auditive proportionnelle au logarithme de l'excitation. Cela veut dire par exemple qu'un son dont vous avez multiplié la puissance par 10 ne sera perçu par l'oreille que comme deux fois plus «fort». Ainsi l'échelle auditive fait-elle intervenir également des décibels.

Pour calculer le nombre de décibels, il vous suffit d'utiliser la touche «log» de votre calculette. Ainsi un amplificateur qui fournit une *puissance de sortie* de 100 watts à partir d'une *puissance d'entrée* de 1 watt aura un gain en décibels de:

$$N_{(dB)} = 10 \log \frac{P_S}{P_E} = 10 \log \frac{100}{1} = 10 \log 100 = 10 \times 2 = 20 \text{ dB}$$

Dans la pratique, il est bon de savoir qu'un amplificateur qui possède un gain supérieur (ou inférieur) de 3 décibels à un autre délivre pour le même signal d'entrée un signal de sortie de puissance double (ou moitié).

Le décibel est également employé pour définir la «valeur absolue» d'une puissance. Pour ce faire, la puissance d'entrée de la formule est remplacée par une *puissance de référence* de 1 milliwatt qui correspond au niveau 0 dBm. Toutes les autres puissances s'expriment donc par rapport à cette valeur de référence. Ainsi, si vous considérez une puissance de 1 watt et que vous vouliez l'exprimer en dBm, vous obtiendrez la valeur suivante:

---

* $\log A \times B = \log A + \log B$

   $\log \frac{A}{B} = \log A - \log B$

$$N_{(dBm)} = 10 \log \frac{P}{P_{REF}}$$

$$= 10 \log \frac{10^3}{1} = 10 \log 1\,000 = 10 \times 3 = 30\,\text{dBm}$$

Si vous avez un résultat comportant un signe $-$, cela indique simplement que la puissance considérée est inférieure à 1 milliwatt.

EXEMPLE 1

Déterminez le gain exprimé en décibels d'un amplificateur qui délivre une puissance de 20 watts lorsqu'il reçoit en entrée une puissance de 500 milliwatts.

En appliquant la formule, vous allez trouver directement ce gain :

$$N_{(dB)} = 10 \log \frac{P_S}{P_E}$$

$$= 10 \log \frac{20}{0,5} = 10 \log 40 = 10 \times 1,6 = 16\,\text{dB}$$

EXEMPLE 2

Exprimez en décibels par rapport au milliwatt (dBm) la puissance de sortie d'un *microphone* égale à 8 microwatts.

Effectuer d'abord la transformation d'unité :

$$8\,\mu\text{W} = 8 \times 10^{-6}\,\text{W} = 8 \times 10^{-3}\,\text{mW}$$

Puis porter cette valeur dans la seconde formule :

$$N_{(dBm)} = 10 \log \frac{P}{P_{REF}}$$

$$= 10 \log \frac{8 \times 10^{-3}}{1} = 10 \log 0,008 = 10 \times (-2,1) = -21\,\text{dBm}$$

formule pratique de calcul d'un circuit bouchon

$$L = \frac{1\ 400}{2\ \pi \times f_o}$$

L : inductance du circuit bouchon (**H**)

$1\ 400$: coefficient pratique

f_o : fréquence de résonance (**Hz**)

Lors du calcul du *circuit bouchon* d'un *amplificateur accordé* à transistor, vous avez le choix entre un nombre infini de couples de valeurs pour l'inductance et le condensateur. En fait, dans la pratique, seules quelques valeurs conviennent.

Supposez que vous choisissiez une valeur de condensateur très faible ; cela entraînerait une valeur très élevée pour l'inductance et vous obtiendriez un circuit bouchon de moindre qualité, car la résistance supplémentaire de l'inductance entraînerait une baisse du coefficient de qualité. Inversement, une valeur de condensateur trop élevée se traduirait par une inductance très faible et, là encore, par un faible coefficient de qualité. Un bon compromis est fourni par cette formule dans laquelle la réactance des deux composants à la résonance a été prise égale à 1 400 ohms, valeur qui convient tout à fait à un étage à transistor.

EXEMPLE

Déterminez la valeur de l'inductance et du condensateur du circuit bouchon de l'*amplificateur radiofréquence* à 27 mégahertz de la figure 1.

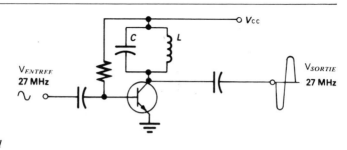

Fig. 1

Calculez en premier la valeur de l'inductance en appliquant la formule :

$$L = \frac{1\ 400}{2\ \pi \times f_O}$$

$$= \frac{1\ 400}{6{,}28 \times 27 \times 10^6} = 8{,}25 \times 10^{-6}\,\text{H, ou } 8{,}25\,\mu\text{H}$$

On obtient ensuite la valeur du condensateur, en notant que sa réactance à 27 mégahertz est de 1 400 ohms :

$$C = \frac{1}{2\ \pi \times f_O \times X_C}$$

$$= \frac{1}{6{,}28 \times 27 \times 10^6 \times 14 \times 10^2} = 4{,}2 \times 10^{-12}\,\text{F, ou } 4{,}2\,\text{pF}$$

On peut enfin vérifier les 2 résultats en les reportant dans la formule :

$$f_O = \frac{1}{2\ \pi\ \sqrt{LC}}$$

$$= \frac{1}{2\ \pi\ \sqrt{8{,}25 \times 10^{-6} \times 4{,}2 \times 10^{-12}}}$$

Ce qui donne bien, tous calculs faits, la fréquence d'accord de 27 mégahertz.

calcul rapide
d'un bobinage

$$N = \frac{\sqrt{L\,(9\,r + 10\,l)}}{r}$$

N :	nombre de tours
L :	inductance (μH)
r :	rayon du bobinage (**mm**)
l :	longueur du bobinage (**mm**)

Les *bobinages* utilisés dans les circuits de radiocommunication ont des valeurs d'inductance très faible et sont pratiquement toujours réalisés en une seule couche de fil à *spires jointives* et sans noyau magnétique.

Dans ces conditions, il existe une formule pratique qui permet de déterminer le nombre de tours du fil du bobinage, connaissant l'inductance, le rayon et la longueur du bobinage. La figure 2 illustre la constitution du bobinage et ses différents paramètres. Vous remarquerez que le rayon du bobinage comprend également la moitié de l'épaisseur du fil employé. A ce propos, il convient d'utiliser du fil de plus en plus fin au fur et à mesure que vous montez en fréquence. Les bobinages qui en résultent sont à plus grand nombre de spires et donc plus performants.

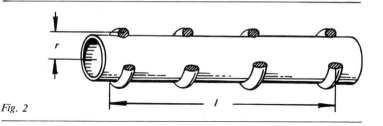

Fig. 2

EXEMPLE 1

Déterminez le nombre de tours d'un bobinage de 15 microhenrys d'inductance construit autour d'un *mandrin* de 10 millimètres de diamètre et de 15 millimètres de longueur.

Vous allez calculer directement le nombre de tours de fil en employant la formule :

$$N = \frac{\sqrt{L\,(9\,r + 10\,l)}}{r}$$

$$= \frac{\sqrt{15 \times 10^{-6}\,(9 \times 5 + 10 \times 15)}}{5} = \textbf{10 tours}$$

180

EXEMPLE 2

Déterminez la fréquence d'accord du circuit bouchon qui utilise-rait le bobinage précédent.

Il suffit pour cela d'utiliser la formule :

$$L = \frac{1\,400}{2\,\pi \times f_O}$$

qui donne après transformation :

$$f_O = \frac{1\,400}{2\,\pi \times L} = \frac{1\,400}{6,28 \times 15 \times 10^{-6}} = 14,86 \times 10^6 \text{ Hz, ou } 14,86 \text{ MHz}$$

pourcentage de modulation d'un signal MA

$$M = \frac{V_M}{V_p} \times 100$$

M: pourcentage de modulation (%)
V_M: tension crête de modulation (**V**)
V_p: tension de la porteuse (**V**)

Un *signal radiofréquence* modulé en amplitude est représenté à la figure 3. L'*enveloppe* du signal radiofréquence est modulée au rythme du *signal audiofréquence* à transmettre.

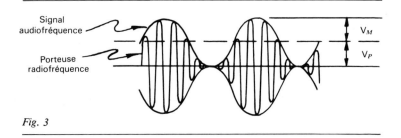

Signal audiofréquence

Porteuse radiofréquence

V_M

V_P

Fig. 3

En l'absence de *signal audio,* la tension de la *porteuse* est constante et égale à V_p. Lorsque le signal audio viendra se superposer au signal radiofréquence, il ne pourra donc pas avoir une amplitude crête supérieure à celle de la porteuse, sinon il y aurait apparition d'une déformation du signal par phénomène de *surmodulation*.

C'est le rapport de l'amplitude du signal audiofréquence de modulation sur l'amplitude de la porteuse qui définit le pourcentage de modulation d'un signal en *modulation d'amplitude* (MA). Dans l'exemple de la figure 3, le *pourcentage de modulation* est de 100 % car $V_M = V_p$.

En l'absence de *modulation,* ce pourcentage de modulation tombe à :

$$M = \frac{V_M}{V_p} \times 100 = \frac{0}{V_p} \times 100 = 0 \%$$

EXEMPLE 1

Déterminez le pourcentage de modulation d'une porteuse de 3 volts de tension de crête modulée par un signal audiofréquence de 1,75 volt de tension de crête.

Le pourcentage de modulation se calcule directement à partir de la formule :

$$M = \frac{V_M}{V_p} \times 100$$

$$= \frac{1,75}{3,00} \times 100 = 58,3\ \%$$

EXEMPLE 2

Déterminez le pourcentage de modulation du signal MA de la figure 4.

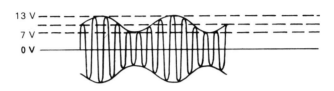

Fig. 4

Il vous faut d'abord déterminer la tension de crête du signal audiofréquence modulant. Il est facile d'observer sur la figure que :

$$V_M = \frac{13 - 7}{2} = 3\ V$$

De même, pour trouver la tension de crête de la porteuse en l'absence de modulation, il suffit de remarquer qu'elle est égale à la moyenne des tensions maximales et minimales du signal modulé :

$$V_M = \frac{13 + 7}{2} = 10\ V$$

Il ne vous reste plus qu'à reporter ces deux valeurs dans la formule :

$$M = \frac{V_M}{V_p} \times 100$$

$$= \frac{3}{10} \times 100 = 30\ \%$$

puissance
des bandes latérales

$$P_{BL} = \frac{M^2}{2 \times 10^4} \times P_E$$

P_{BL} : puissance des bandes latérales (**W**)
M : pourcentage de modulation (%)
P_E : puissance d'émission (**W**)

Un signal modulé en amplitude se décompose dans le domaine des fréquences en une *fréquence pure* qui correspond à la fréquence de la porteuse et en deux *bandes latérales* situées de part et d'autre de cette porteuse. C'est ainsi qu'une porteuse à 1 mégahertz modulée par un signal à 1 000 hertz correspond dans le domaine des fréquences à trois fréquences : une pour la porteuse à 1 mégahertz, une deuxième pour la *bande latérale inférieure* à 0,999 mégahertz et une troisième pour la *bande latérale supérieure* à 1,001 mégahertz.

L'*intelligibilité* d'un signal modulé en amplitude se retrouve dans les bandes latérales car se sont les seules qui soient porteuses d'informations. Il est donc important que la plus grande partie de la puissance d'un *émetteur* aille dans les bandes latérales, afin d'assurer la meilleure *réception* possible à grande distance.

Cette répartition de puissance entre la porteuse et les bandes latérales ne dépend que du pourcentage de modulation de l'émetteur. Lorsque ce pourcentage de modulation est égal à 0 %, la totalité de la puissance de l'émetteur se retrouve dans la porteuse, laquelle ne transmet aucune information. A l'inverse, lorsque le pourcentage de modulation est de 100 %, la *puissance d'émission* se répartit à parts égales entre la porteuse et les deux bandes latérales.

EXEMPLE 1

Déterminez la puissance des deux bandes latérales d'un émetteur à modulation d'amplitude de 50 watts, sachant que le pourcentage de modulation utilisé est de 75 %.

La puissance dans les deux bandes latérales est donnée directement par la formule :

$$P_{BL} = \frac{M^2}{2 \times 10^4} \times P_E$$

$$= \frac{75^2 \times 50}{2 \times 10^4} = 14\,\text{W}$$

184

EXEMPLE 2

Sachant qu'un *émetteur MA* de 100 watts est modulé à 100 %, déterminez la puissance dans chacune des bandes latérales.

Vous allez trouver la puissance dans une bande latérale en divisant par deux le résultat de la formule :

$$P_{BL} = \frac{M^2}{2 \times 10^4} \times P_E$$

$$= \frac{10^4 \times 10^2}{2 \times 10^4} = 50 \text{ W}$$

La puissance dans une bande est donc égale à 25 watts.

Notez que dans ce cas (M = 100 %), la puissance dans les bandes est égale à la puissance de la porteuse :

$$P_p = P_E - P_{BL} = 50 \text{ W}$$

pourcentage de modulation d'un signal MF

$$M = \frac{\Delta f}{75 \times 10^3} \times 100$$

M: pourcentage de modulation (%)

Δf: excursion de fréquence (Hz)

Dans un signal radiofréquence modulé en amplitude, le niveau du signal audiofréquence modifie l'amplitude du signal radiofréquence. En *modulation de fréquence* par contre, le niveau du signal audiofréquence modifie la valeur de la fréquence du signal radiofréquence.

L'*écart de fréquence* dépend donc de l'amplitude du signal audiofréquence. Il est limité par les règlements actuels à 75 kilohertz de part et d'autre de la fréquence centrale de la porteuse, tel que cela est illustré à la figure 5.

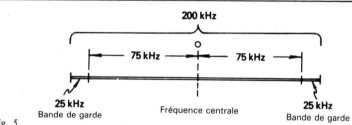

Fig. 5

Cette valeur limite de 75 kilohertz pour *l'excursion de fréquence* correspond au maximum du pourcentage de modulation, c'est-à-dire à 100 %. Tout autre valeur du pourcentage de modulation se traduit par une excursion de fréquence moindre.

EXEMPLE 1

Déterminez le pourcentage de modulation d'un émetteur MF dont l'excursion de fréquence est de 50 kilohertz.

Vous allez déterminer directement cette valeur en appliquant la formule :

$$M = \frac{\Delta f}{75 \times 10^3} \times 100$$

$$= \frac{50 \times 10^3}{75 \times 10^3} \times 10^2 = 66{,}6\ \%$$

186

EXEMPLE 2

Sachant que le pourcentage de modulation d'un émetteur MF est de 50 %, déterminez l'excursion efficace de fréquence du signal MF.

Calculez d'abord la valeur de l'excursion crête de fréquence en transformant la formule :

$$M = \frac{\Delta f}{75 \times 10^3} \times 100$$

qui devient :

$$\Delta f = M \times \frac{75 \times 10^3}{100} = 50 \times \frac{75 \times 10^3}{100} = 37,5 \times 10^3 \text{ Hz, ou } 37,5 \text{ kHz}$$

Calculez ensuite la valeur de l'excursion efficace de fréquence :

$$\Delta f_{eff} = \Delta f \times 0,707$$
$$= 37,5 \times 0,707 = 26,5 \text{ kHz}$$

Notez que l'excursion de fréquence qui suit le rythme du signal audiofréquence se traite donc comme un signal dont vous mesurez la valeur en excursion efficace, crête ou crête à crête.

fréquence
d'un oscillateur local

$$f_{LOC} = f_{RF} \pm f_{FI}$$

f_{LOC} : fréquence de l'oscillateur local
f_{RF} : fréquence du signal radio
f_{FI} : fréquence intermédiaire

Dans un récepteur radio, il n'est pas possible d'amplifier directement le signal radiofréquence que capte l'antenne. Il faut d'abord lui faire subir un *changement de fréquence* qui va abaisser sa fréquence à une valeur constante qui est celle de l'*amplificateur à fréquence intermédiaire* (FI).

Pour abaisser la fréquence d'un signal radiofréquence, il faut le mélanger avec un signal produit dans le récepteur par un *oscillateur local*. C'est tout le principe du *récepteur superhétérodyne*.

Si vous prenez le cas d'un récepteur à modulation d'amplitude dont la fréquence intermédiaire est de 455 kilohertz et que vous vouliez recevoir un signal radiofréquence à 1 mégahertz, il existe deux valeurs de la fréquence de l'oscillateur qui conviennent :

$$f_{LOC} = f_{RF} + f_{FI} = 1 + 0,455 = 1,455 \text{ MHz}$$

$$f_{LOC} = f_{RF} - f_{FI} = 1 - 0,455 = 545 \text{ MHz}$$

Il s'agit dans le premier cas d'un fonctionnement de l'oscillateur local en *supradyne,* c'est-à-dire que sa fréquence est supérieure à celle du signal radiofréquence, et dans le second cas d'un fonctionnement en *infradyne,* c'est-à-dire que la fréquence locale est inférieure à celle du signal radiofréquence.

En règle générale, les récepteurs MA fonctionnent en supradyne, avec une fréquence intermédiaire de 455 kilohertz.

EXEMPLE 1

Calculez la fréquence de l'oscillateur local d'un récepteur MA dont la fréquence intermédiaire est de 455 kilohertz, sachant que la fréquence du signal RF à recevoir est de 1,2 mégahertz.

Comme le récepteur MA fonctionne en supradyne, la fréquence de l'oscillateur local est donnée par la formule :

$$f_{LOC} = f_{RF} + f_{FI}$$

$$= 1,2 \times 0,455 = 1,655 \text{ MHz}$$

EXEMPLE 2

Déterminez la plage de fréquences de l'oscillateur local d'un récepteur MA réglé sur la gamme petites ondes de 550 kilohertz à 1,65 mégahertz.

Sachant que le récepteur MA fonctionne en supradyne et que la fréquence intermédiaire est de 455 kilohertz, vous allez calculer les valeurs extrêmes de fréquence de l'oscillateur local:

BAS DE LA GAMME	*HAUT DE LA GAMME*
$f_{LOC} = f_{RF} + f_{FI}$	$f_{LOC} = f_{RF} + f_{FI}$
$= 0,550 + 0,455$	$= 1,65 + 0,455$
$= 1,005 \text{ MHz}$	$= 2,105 \text{ MHz}$

L'oscillateur local doit donc avoir une fréquence capable de varier entre 1,005 et 2,105 mégahertz.

fréquence image d'un récepteur superhétérodyne

$$f_{IMAGE} = f_{RF} + 2f_{FI}$$

f_{IMAGE} :   fréquence image
f_{RF} :   fréquence du signal radio
f_{FI} :   fréquence du signal FI

Les *récepteurs de radiodiffusion* en modulation d'amplitude fonctionnent en supradyne, c'est-à-dire qu'ils opèrent un changement de fréquence avec un oscillateur local dont la fréquence est supérieure à celle du signal radio.

Le changement de fréquence de ce signal radio s'obtient en le mélangeant avec le signal issu de l'oscillateur local dans un *étage électronique* appelé *mélangeur*. Or, lorsque vous mélangez deux signaux entre eux, il s'en suit la création de deux signaux résultants égaux respectivement à la somme et à la différence des deux signaux mélangés.

En clair, cela revient à dire qu'avec une fréquence intermédiaire de 455 kHz et un oscillateur local fonctionnant à 1 055 kHz, deux signaux radiofréquences peuvent être reçus, l'un égal à 1 055 − 455 = 600 kHz (signal égal à la différence), l'autre égal à 1 055 + 455 = 1 510 kHz (signal égal à la somme).

C'est ce second signal indésirable qui porte le nom de *fréquence image*. Si un second émetteur suffisamment puissant fonctionne sur la fréquence image d'un récepteur superhétérodyne, il y aura réception simultanée des deux émissions. Pour supprimer ce problème, il vous faut rajouter sur l'entrée radiofréquence un *filtre accordé* uniquement sur la bonne fréquence à recevoir.

EXEMPLE 1

Déterminez la fréquence image d'un signal radiofréquence à 730 kilohertz reçu par un récepteur superhétérodyne de 455 kilohertz de fréquence intermédiaire.

Vous allez trouver directement la valeur de cette fréquence image en appliquant la formule :

$$f_{IMAGE} = f_{RF} + 2f_{FI}$$
$$= 730 + 2 \times 455 = 1\ 640\ \text{kHz}$$

EXEMPLE 2

Calculez la portion de la gamme des petites ondes comprise entre 550 et 1 650 hertz susceptible d'être perturbée par les fréquences images du changement de fréquence d'un récepteur superhétérodyne de 455 kilohertz de fréquence intermédiaire.

Calculez en premier la valeur de la fréquence image pour la fréquence du bas de la gamme PO en employant la formule:

$$f_{IMAGE} = f_{RF} + 2f_{FI}$$
$$= 550 + 2 \times 455 = 1\ 460\ \text{kHz}$$

Cette fréquence image se situant dans le haut de la gamme PO, il vous faut rechercher maintenant la fréquence du signal radio dont la fréquence image correspond à la valeur maximale de cette gamme, soit: 1 650 kHz. La formule après transformation donne:

$$f_{RF} = f_{IMAGE} - 2f_{FI}$$
$$= 1\ 650 - 2 \times 455 = 740\ \text{kHz}$$

La portion de la gamme PO affectée sera comprise entre 550 et 740 kHz.

dérive de fréquence
d'un oscillateur à quartz

$$\Delta f = - k \times \Delta t \times f_{osc}$$

Δf :   dérive de fréquence (**Hz**)
k :   coefficient de température (**Hz/°C**)
Δt :   écart de température (**°C**)
f_{osc} :   fréquence de l'oscillateur (**Hz**)

La stabilité en fréquence d'un oscillateur est une notion importante à respecter, surtout si l'oscillateur en question est l'oscillateur local d'un récepteur superhétérodyne. L'utilisation d'*oscillateur à quartz* améliore grandement cette stabilité, car la précision de la fréquence ne dépend plus que d'un quartz.

Il reste, toutefois, encore un facteur capable de perturber la stabilité d'un oscillateur à quartz : c'est la *température*. Son influence va être telle qu'elle va faire dériver la fréquence d'oscillation du quartz. La présente formule permet de calculer la *dérive de fréquence* qui découle d'un *écart de température,* connaissant le *coefficient de température* du quartz et sa fréquence d'oscillation. Le signe $-$ de la formule indique que tout accroissement de température se traduit par une baisse de la fréquence d'oscillation.

EXEMPLE

Sachant qu'un oscillateur à quartz à 1,5 mégahertz à 20 °C possède un coefficient de température de $1,2 \times 10^{-5}$, déterminez la fréquence de cet oscillateur à 45 °C.

Vous allez d'abord calculer la dérive de fréquence en vous servant de la formule :

$$\Delta f = - k \times \Delta t \times f_{osc}$$
$$= - 1,2 \times 10^{-5} \times (50 - 20) \times 1,5 \times 10^6 = - 540 \text{ Hz}$$

Puis ensuite la fréquence de l'oscillateur :

$$f_{osc} = f_{(20\,°C)} + \Delta f$$
$$= 1,5 \times 10^6 - 540 = 1,49946 \times 10^6 \text{ Hz, ou } 1,49946 \text{ MHz}$$

impédance caractéristique d'une paire symétrique

$$Z_C = 276 \times \log \frac{d}{r}$$

Z_C : impédance caractéristique (Ω)
d : distance entre les conducteurs (**mm**)
r : rayon d'un conducteur (**mm**)

La fonction première d'une *paire symétrique de transmission* est de véhiculer le plus efficacement possible l'énergie d'un émetteur vers une *antenne d'émission* ou l'énergie captée par une *antenne de réception* vers le récepteur correspondant.

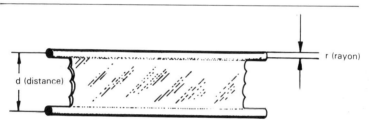

Fig. 6

Or la proximité des deux conducteurs et leur diamètre (voir figure 6) entraînent la création d'une *inductance propre* à chacun et d'une capacité entre eux. La combinaison de ces deux effets crée une *impédance caractéristique Z_C* égale au rapport $\sqrt{L/C}$, impédance qui reste la même quelle que soit la longueur de la paire symétrique employée.

EXEMPLE

Déterminez l'impédance caractéristique d'une paire symétrique dont les conducteurs de 0,8 millimètres de rayon sont espacés de 1 centimètre.

$$Z_C = 276 \times \log \frac{d}{r}$$

$$= 276 \times \log \frac{10}{0,8} = 276 \times \log 12,5 = 276 \times 1,10 = 302 \ \Omega$$

193

impédance caractéristique d'un câble coaxial

$$Z_C = 138 \times \log \frac{D_{EXT}}{D_{INT}}$$

Z_C: impédance caractéristique (Ω)

D_{EXT}: diamètre du conducteur extérieur (**mm**)

D_{INT}: diamètre du conducteur intérieur (**mm**)

Un *câble coaxial* est constitué d'un *conducteur intérieur* protégé par une *tresse métallique* qui correspond au *conducteur extérieur*. Il s'agit donc bien d'une paire de fils, mais leur structure est *asymétrique* si vous la comparez à la structure précédente de la paire symétrique (voir figure 7).

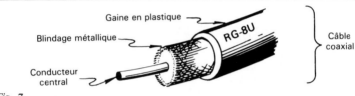

Gaine en plastique

Blindage métallique

RG-8U

Câble coaxial

Conducteur central

Fig. 7

Un tel câble, du fait du *blindage* qu'apporte la tresse métallique, va être mieux protégé contre les *parasites* provenant de l'extérieur. De plus, il ne rayonne aucune énergie vers l'extérieur, contrairement à la paire symétrique.

Il possède, comme toute ligne de transmission, une impédance caractéristique indépendante de sa longueur. Cette impédance caractéristique ne dépend que des dimensions du câble coaxial, en l'occurrence, du rapport du diamètre du conducteur extérieur (la tresse) au diamètre du conducteur intérieur (l'âme centrale). Généralement cette impédance est égale à 50 ou 75 ohms.

EXEMPLE

Déterminez l'impédance caractéristique d'un câble coaxial dont la tresse métallique possède un diamètre de 7 millimètres et le conducteur central un diamètre de 2 millimètres.

$$Z_C = 138 \times \log \frac{D_{EXT}}{D_{INT}}$$

$$= 138 \times \log \frac{7}{2} = 138 \times \log 3{,}5 = 138 \times 0{,}54 = 75\ \Omega$$

longueur d'onde radioélectrique

$$\lambda = \frac{3 \times 10^8}{f}$$

λ : longueur d'onde en mètres (**m**)

f : fréquence en hertz (**Hz**)

3×10^8 : vitesse de la lumière en mètres/secondes (**m/s**)

Un signal alternatif rayonné par une antenne devient un signal radioélectrique. Il possède alors une certaine *longueur d'onde* λ («lambda») qui correspond à la distance que parcours le signal dans l'espace pendant un temps égal à sa période. Cette longueur d'onde s'exprime en mètres, ou en unités dérivées comme le décamètre ou le centimètre suivant la fréquence du signal alternatif. En vous reportant à la formule de la longueur d'onde, vous allez constater que plus la fréquence du signal est élevée et plus la longueur d'onde sera courte.

Le coefficient 3×10^8 correspond à la vitesse d'une *onde électromagnétique* dans le vide, qui n'est autre que celle de la lumière, c'est-à-dire 300 000 kilomètres à la seconde.

La principale application de la connaissance de la longueur d'onde d'un signal réside dans la fabrication des antennes. Seul le signal dont la longueur d'onde est égale·à la longueur de l'antenne ou à un sous-multiple de cette longueur sera pris en compte par cette dernière.

Les *bandes radioélectriques* sont également définies par leur longueur d'onde plutôt que par leur fréquence. Ainsi, la bande radioélectrique des 7 mégahertz correspond à une bande de :

$$\lambda = \frac{3 \times 10^8}{7 \times 10^6} = 43 \text{ m}$$

Les radio-amateurs parleront de la «bande des 40 mètres».

EXEMPLE 1

Quelle est la longueur d'onde du signal de la figure 8?

Déterminez en tout premier lieu la fréquence de ce signal en appliquant la formule :

$$f = \frac{1}{T}$$

$$= \frac{1}{10^{-6}} = 10^{-6} \text{ Hz, ou 1 MHz}$$

195

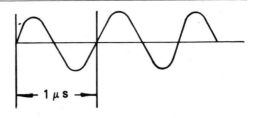

Fig. 8

Calculez maintenant la longueur d'onde correspondante en vous servant de la formule :

$$\lambda = \frac{3 \times 10^8}{f}$$

$$= \frac{3 \times 10^8}{10^6} = 300 \text{ m}$$

EXEMPLE 2

La *bande des canaux banalisés,* ou *bande CB,* est centrée autour de 27 mégahertz. Quelle en est sa longueur d'onde moyenne ?

Appliquez directement la formule :

$$\lambda = \frac{3 \times 10^8}{f}$$

$$= \frac{3 \times 10^8}{27 \times 10^6} = 11,1 \text{ m}$$

La bande des canaux banalisés est située dans la bande des 11 mètres.

dimensions d'une antenne intérieure

$$l = \frac{142,5}{f}$$

l: longueur de l'antenne (**m**)

f: fréquence (**MHz**)

Une antenne est un dispositif capable de convertir un courant électrique à fréquence élevée en un rayonnement électromagnétique et vice versa. La figure 9 montre un exemple de réalisation d'antenne intérieure constituée par un fil électrique coupé en son milieu.

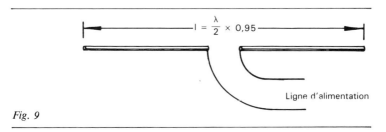

Ligne d'alimentation

Fig. 9

La longueur d'une telle antenne doit être égale à la moitié de la longueur d'onde du signal qu'elle doit transmettre ou recevoir. C'est ainsi que pour une antenne prévue pour recevoir une fréquence de 144 mégahertz:

$$\frac{\lambda}{2} = \frac{3 \times 10^8}{f} \times \frac{1}{2} = \frac{3 \times 10^8}{144 \times 10^6 \times 2} = 1,04 \text{ m}$$

et

$$l = \frac{142,5}{144} = 0,99 \text{ m}$$

La légère différence des résultats provient du fait que le signal ne se véhicule pas aussi vite sur un conducteur en cuivre que dans le vide. D'une manière générale:

$$l = \frac{\lambda}{2} \times 0,95$$

0,95 s'appelle le *coefficient de vélocité*.

EXEMPLE 1

Vous souhaitez réaliser une antenne intérieure pour votre *récepteur à modulation de fréquence* en vous servant d'une paire symétrique de 300 ohms d'impédance caractéristique (voir figure 10). Déterminez la longueur de cette antenne.

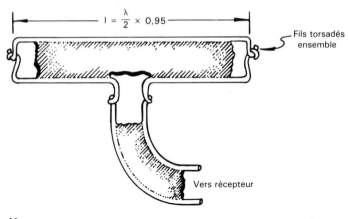

Fils torsadés ensemble

Vers récepteur

Fig. 10

La gamme modulation de fréquence s'étendant de 88 à 168 mégahertz, vous allez choisir 100 mégahertz comme fréquence centrale de calcul : il vous suffit de reporter cette valeur dans la formule :

$$l = \frac{142,5}{f} = \frac{142,5}{100} = 1,425 \text{ m}$$

EXEMPLE 2

Déterminez la longueur d'une antenne intérieure de *télévision* capable de recevoir une émission à 570 mégahertz.

Vous allez obtenir directement la longueur de cette antenne en appliquant la formule :

$$l = \frac{142,5}{f} = \frac{142,5}{570} = 0,25 \text{ m, ou 25 cm}$$

hauteur
d'une antenne-fouet

$$h = \frac{71,25}{f}$$

h : hauteur de l'antenne **(m)**

f : fréquence **(MHz)**

La longueur d'une antenne s'exprime généralement en longueurs d'onde ou en fraction de longueur d'onde. C'est ainsi que le *fouet* vertical de la figure 11 présente une impédance de 50 ohms à ses points d'alimentation lorsque sa hauteur est égale à un *quart de longueur d'onde,* au coefficient de vélocité 0,95 près.

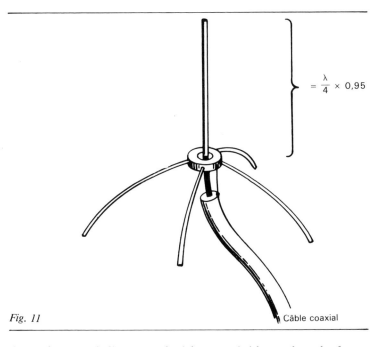

$$= \frac{\lambda}{4} \times 0{,}95$$

Fig. 11

Câble coaxial

Contrairement à l'antenne intérieure précédente dont la forme symétrique nécessitait l'emploi d'une paire symétrique d'alimentation, une antenne-fouet nécessite l'emploi d'un câble coaxial de 50 ohms d'impédance caractéristique. Le fouet est à raccorder sur l'âme centrale du câble coaxial, alors que les quatre brins horizontaux qui constituent une sorte de terre artificielle, sont à brancher sur la tresse métallique.

Vous noterez également la différence de *mode de rayonnement* d'un fouet, qui est vertical, comparé au mode de rayonnement horizontal de l'antenne intérieure précédente. Assurez-vous que les deux antennes émission et réception fonctionnent selon le même mode de rayonnement.

EXEMPLE 1

Déterminez la hauteur d'un fouet identique à celui de la figure 11 et prévu pour fonctionner dans la bande des canaux banalisés (bande CB) à 27 mégahertz.

Vous allez trouver directement la longueur de cette antenne fouet en appliquant la formule :

$$h = \frac{71{,}25}{f} = \frac{71{,}25}{27} = 2{,}64 \text{ m}$$

EXEMPLE 2

Déterminez la fréquence de fonctionnement d'une antenne-fouet de 5 mètres de hauteur.

Pour trouver la fréquence d'accord en quart d'onde d'une telle antenne, il vous faut transformer la formule :

$$h = \frac{71{,}25}{f}$$

qui devient :

$$f = \frac{71{,}25}{h} = \frac{71{,}25}{5} = 14{,}25 \text{ MHz}$$

éléments d'une antenne directive

R : 0,500 × λ	**R :** longueur du réflecteur (**m**)
P : 0,475 × λ	**P :** longueur du dipôle (**m**)
D : 0,450 × λ	**D :** longueur du directeur (**m**)
X : 0,238 × λ	**X :** écartement dipôle-réflecteur (**m**)
Y : 0,190 × λ	**Y :** écartement dipôle-directeur (**m**)
	λ : longueur d'onde (**m**)

Une antenne-fouet est une antenne qui rayonne dans toutes les directions. Si vous désirez obtenir une antenne dont le gain est plus important qu'une antenne-fouet, il faut que celle-ci rayonne dans une direction privilégiée. C'est le cas de l'*antenne directive* de la figure 12.

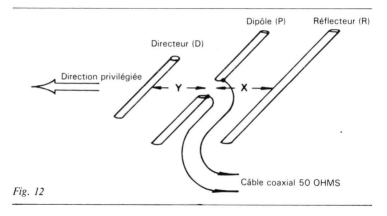

Fig. 12

Une telle antenne est constituée de trois éléments : un *directeur* qui dirige l'énergie vers le *dipôle,* un dipôle actif qui reçoit en son milieu le *câble d'alimentation* et un *réflecteur* qui réfléchit l'énergie vers le dipôle. L'ensemble de ces trois éléments émet ou reçoit dans la direction indiquée sur la figure par une flèche.
La longueur de chaque élément et leurs écartements sont fournis par la formule. Vous noterez que la taille des éléments décroît dans la direction privilégiée en commençant par 0,500 × λ pour le réflecteur pour terminer par 0,450 × λ pour le directeur.

EXEMPLE

Calculez la longueur et l'écartement des éléments d'une antenne directive devant fonctionner à 27 mégahertz.

201

Calculez en premier la valeur de la longueur d'onde qui correspond à 27 mégahertz :

$$\lambda = \frac{3 \times 10^8}{f} = \frac{3 \times 10^8}{27 \times 10^6} = 11,11 \text{ m}$$

Il vous reste à reporter cette valeur dans les différentes formules pour calculer la longueur des différents éléments :

1) Pour le réflecteur :
   $R = 0,500 \times \lambda = 5,55 \text{ m}$

2) Pour le dipôle :
   $P = 0,475 \times \lambda = 5,27 \text{ m}$

3) Pour le directeur :
   $D = 0,450 \times \lambda = 5,00 \text{ m}$

Vous allez également déterminer les divers écartements en employant les formules :

1) Pour l'écartement dipôle-réflecteur :
   $X = 0,238 \times \lambda = 2,64 \text{ m}$

2) Pour l'écartement dipôle-réflecteur :
   $Y = 0,190 \times \lambda = 2,11 \text{ m}$

Notez la valeur des dimensions obtenues qui vont de 5,55 mètres pour un des éléments à 2,64 mètres pour un écartement. Vous êtes à la fréquence limite d'utilisation d'une telle antenne. De plus, il faudra l'utiliser avec les *éléments verticaux,* de façon à émettre et à recevoir en *polarisation verticale* dans la bande des canaux banalisés.

pente
d'un tube à vide

$$s = \frac{\Delta I_A}{\Delta V_G}$$

s : pente du tube à vide (**mA/V**)
I_A : courant d'anode (**mA**)
V_G : tension de grille (**V**)

Vous allez peut-être être surpris d'entendre encore parler des *tubes à vide* dans cet ouvrage, car pratiquement plus aucun équipement électronique n'en utilise. Il existe toutefois un bastion qui résiste, c'est celui des *amplificateurs de puissance des émetteurs de radio-communication.*

Un tube à vide est un dispositif amplificateur composé d'une *cathode*, d'une *grille* et d'une *anode,* le tout hermétiquement scellé dans une ampoule de verre dont laquelle on a fait le vide (voir figure 13). Du point de vue fonctionnement, la cathode, après avoir été portée à une certaine température par l'intermédiaire d'un filament chauffant, émet des électrons qu'une grille, portée à un *potentiel négatif,* laisse plus ou moins passer vers une anode qui, elle, est portée à un potentiel fortement *positif.*

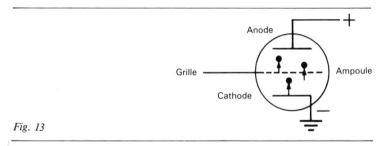

Fig. 13

Les électrons circulant entre la cathode et l'anode constituent le *courant d'anode.* Ce courant dépend de la valeur de la tension de grille. C'est la variation de courant d'anode entraînée par une variation de 1 volt de la tension de grille qui permet de définir la *pente du tube,* c'est-à-dire sa *sensibilité.*

EXEMPLE 1

Déterminez la pente d'un tube à vide, sachant qu'une variation de 2 volts de la tension de grille entraîne une variation du courant d'anode de 30 à 10 milliampères.

Vous allez obtenir directement la pente du tube en appliquant la formule :

$$s = \frac{\Delta I_A}{\Delta V_G}$$

$$= \frac{30 - 10}{2} = 10 \, \text{mA/V}$$

EXEMPLE 2

Sachant qu'un tube possède une pente de 5 mA/V, déterminez la variation de tension de grille nécessaire pour obtenir une variation du courant d'anode de 15 milliampères.

La variation du courant d'anode s'obtient en transformant la formule :

$$s = \frac{\Delta I_A}{\Delta V_G}$$

qui devient :

$$\Delta V_G = \frac{\Delta I_A}{s}$$

$$= \frac{15}{5} = 3 \, \text{V}$$

facteur d'amplification d'un tube

$$\mu = \rho \times s$$

$\mu:$ facteur d'amplification d'un tube
$\rho:$ résistance interne (**kΩ**)
$s:$ pente (**mA/V**)

Un tube électronique fournit un courant d'anode qui ne dépend pas exclusivement de la valeur de la tension de grille, mais qui est tributaire également de la tension d'alimentation positive de l'anode.

Si vous faites varier la tension continue d'alimentation de l'anode tout en conservant la même tension de grille, vous allez obtenir un courant d'anode qui va également varier dans le même sens, à savoir qu'une augmentation de tension d'alimentation se traduit par une augmentation du courant d'anode. Ce phénomène indique que le tube possède une certaine résistance interne dont la valeur dépend du type de tube employé.

C'est la variation de tension qui apparaît aux bornes de cette résistance interne ρ («rho») lorsque le courant d'anode varie sous l'action d'une variation de 1 volt de la tension de grille qui définit le *facteur d'amplification* μ («mhu») du tube. En fait, ce facteur d'amplification en tension est au tube ce que le gain en courant est au transistor. Il permet d'avoir une idée du gain qu'il sera possible d'obtenir d'un étage amplificateur équipé d'un tube à vide.

EXEMPLE 1

Déterminez le facteur d'amplification d'un tube à vide dont la pente est de 10 mA/V et la résistance interne de 6 000 ohms.

Le facteur d'amplification du tube s'obtient en employant la formule:

$$\mu = \rho \times s$$
$$= 6 \times 10 = 60$$

Notez que dans la formule, la résistance interne ρ s'exprime en kilohms de façon à compenser la pente qui, elle, s'exprime en milliampères par volt.

EXEMPLE 2

Calculez la résistance interne d'un tube, sachant que son facteur d'amplification est égal à 50 avec une pente de 5 mA/V.

La résistance interne du tube s'obtient en transformant la formule :

$$\mu = \rho \times s$$

qui devient :

$$\rho = \frac{\mu}{s}$$

$$= \frac{50}{5} = 10 \, \text{k}\Omega$$

gain d'un étage amplificateur à tube

$$A_V = \frac{\mu \times R_A}{\rho \times R_A}$$

A_V : gain en tension de l'étage amplificateur
μ : facteur d'amplification du tube
R_A : résistance d'anode (Ω)
ρ : résistance interne (Ω)

Pour qu'un tube puisse fonctionner en *amplificateur de tension,* il faut lui rajouter une résistance de charge d'anode dans son circuit de sortie, tel que cela est indiqué à la figure 14.

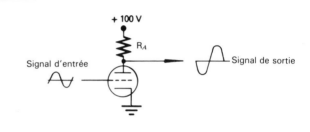

Fig. 14

Ce sont les variations du courant d'anode qui vont produire une variation de tension aux bornes de cette résistance de charge, fournissant ainsi le signal de sortie. Quant aux variations du courant d'anode, elles proviennent des variations de la tension de grille, c'est-à-dire du signal d'entrée.

En fait, la *résistance de charge d'anode* et la résistance interne se comportent comme deux résistances branchées en parallèle. Il est donc illusoire de penser pouvoir obtenir de très grandes valeurs de gain en tension sur un étage amplificateur à tube en cherchant à augmenter la résistance d'anode alors que la résistance interne est très faible. En guise d'ordre de grandeur, sachez que la résistance de charge d'anode d'un tube est généralement comprise entre 5 et 220 kilohms.

EXEMPLE

Calculez le gain en tension de l'étage amplificateur à tube de la figure 15 et déterminez l'amplitude efficace du signal de sortie.

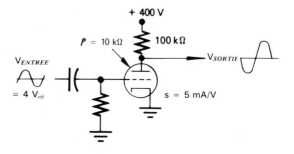

Fig. 15

Calculez en premier lieu le facteur d'amplification du tube :

$$\mu = \rho \times s = 10 \times 5 = 50$$

Calculez ensuite la valeur du gain en tension de l'étage amplification en appliquant la formule :

$$A_V = \frac{\mu \times R_A}{\rho + R_A}$$

$$= \frac{50 \times 10^5}{10^4 + 10^5} = 45,5$$

Notez au passage le faible écart entre le facteur d'amplification, 50, et le gain en tension de l'étage, 45,5, dû à la forte valeur de la résistance de charge de 100 kilohms, comparée à la faible valeur de la résistance interne du tube.

Terminez le calcul par la valeur de l'amplitude du signal de sortie :

$$V_{SORTIE} = V_{ENTREE} \times A_V$$

$$= 4 \times 45,5 = 182 \text{ V}$$

polarisation en classe C d'un tube

$$V_{go} = -\frac{V_{HT}}{\mu}$$

V_{go}: tension de coupure de grille (**V**)
V_{HT}: tension d'alimentation haute tension (**V**)
μ: facteur d'amplification du tube

La grille d'un tube électronique contrôle le passage du flot d'électrons provenant de la cathode, par *la tension négative* qui lui est appliquée. Or il existe une valeur de la tension de grille qui annule totalement ce flot d'électrons: c'est la *tension de coupure de grille*.

Un étage amplificateur en classe C, tel que celui de la figure 16, est un étage dans lequel on polarise la grille avec une tension négative égale à 3 fois la valeur de la tension de coupure, de façon à augmenter le rendement de cet étage. Il s'en suit que seules les pointes du signal alternatif franchissent le tube pour aller ensuite exciter un circuit oscillant.

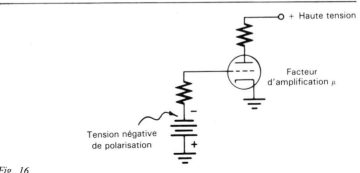

Fig. 16

La formule permet de déterminer empiriquement la tension de coupure d'un tube à partir de la tension d'alimentation en *haute tension* de l'étage et du facteur d'amplification du tube. Il vous suffit de multiplier ensuite cette valeur par 3 pour obtenir la tension de polarisation en classe C de ce tube.

EXEMPLE 1

Déterminez la tension de polarisation en classe C de l'étage amplificateur de puissance à 27 mégahertz de la figure 17.

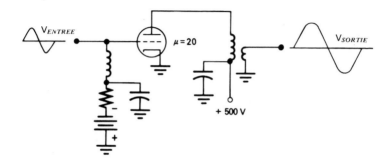

Fig. 17

Déterminez en premier lieu la valeur de la tension de coupure de grille en appliquant la formule :

$$V_{go} = \frac{V_{HT}}{\mu}$$

$$= -\frac{500}{20} = -25 \text{ V}$$

Calculez ensuite la valeur de la tension de polarisation en classe **C** :

$$V_{g(classe\ C)} = 3 \times V_{go}$$

$$= 3 \times (-25) = -75 \text{ V}$$

index